超低渗透油藏
地面集输管道
腐蚀失效分析与防护技术

孙芳萍　常志波　周子栋　臧国军　高　耘　刘　曼
等编著

石油工业出版社

内 容 提 要

本书结合近几年长庆油田地面集输管道腐蚀和防护现状，系统地介绍了超低渗透油藏地面集输管道的主要腐蚀特征、防腐和修复措施，以及油田开发 CO_2 驱油方式产生的主要内腐蚀特性和腐蚀机理，还包括了腐蚀检测、腐蚀监测和地面管道选材等技术。

本书旨在为从事腐蚀与防护科研、设计和现场技术人员提供参考和借鉴。

图书在版编目（CIP）数据

超低渗透油藏地面集输管道腐蚀失效分析与防护技术 /
孙芳萍等编著 . —北京：石油工业出版社，2023.7
ISBN 978-7-5183-6309-4

Ⅰ.① 超… Ⅱ.① 孙… Ⅲ.① 低渗透油气藏-防腐-
研究 Ⅳ.① P618.130.2

中国国家版本馆 CIP 数据核字（2023）第 169000 号

出版发行：石油工业出版社
　　　　　（北京安定门外安华里 2 区 1 号　　100011）
　　　　网　　址：www.petropub.com
　　　　编辑部：（010）64210387　　图书营销中心：（010）64523633
经　　销：全国新华书店
印　　刷：北京中石油彩色印刷有限责任公司

2023 年 7 月第 1 版　　2023 年 7 月第 1 次印刷
787×1092 毫米　　开本：1/16　印张：11.75
字数：300 千字

定价：98.00 元

《超低渗透油藏地面集输管道腐蚀失效分析与防护技术》

编 写 组

主　　编：孙芳萍

副 主 编：常志波　周子栋　臧国军　高　耘　刘　曼

编　　委：孙银娟　宫淑毓　罗慧娟　文红星　邵治翠
　　　　　刘佳明　贾珊珊　邹凌川

前言

PREFACE

石油是我国发展的能源命脉，随着我国国民经济的持续、快速增长，石油行业对国民经济有了更大的影响，并在能源安全问题上承担着重大责任。管道运输作为石油运输的重要手段，具有占地少、效率高、投资少、损耗低、自动化水平高、便于操作管理、对环境要求低等优势，在综合运输体系中是比较理想的运输方式。

长庆油田地处中国第二大盆地——鄂尔多斯盆地，横跨陕、甘、宁、内蒙古、晋五省（区），有效矿权面积7万余平方千米。长庆油田勘探开发的鄂尔多斯盆地油气资源及非油气资源藏量巨大，是我国重要的油气生产基地和天然气管网枢纽中心，已连续九年实现年产油气当量突破$5000×10^4t$，2020年一举跨越$6000×10^4t$。作为中国西部发展前景广阔的石油天然气工业基地，正成为中国又一潜力巨大的能源中心。据了解，长庆油田所属已建有油水井8万多口，敷设油气管道10万余千米。油田作业区内覆盖有40余条河流、52处水源保护区、6个自然保护区，区域内生态环境复杂、敏感，加之大部分油区位于黄河流域生态环境保护重点区域，因此，如何在发展中保护、在保护中发展，成为长庆油田面临的考验之一。

地面集输管道防腐，主要采用涂层技术，以外防腐为主。针对不同的管道，外防腐先后采用了石油沥青、环氧煤沥青、再生橡胶、环氧粉末和三层聚乙烯等防腐技术，基本满足了正常运行管道的外防腐需求。管道内防腐，由于补口等因素，只有部分管道进行了内防腐处理，大部分运行10年以上的管道无内涂层。近几年，随着部分老油田进入中后期开发阶段，油田采出液中含水率不断升高，此外，多层系开发导致水型的不配伍，造成地面管道的内腐蚀呈加剧趋势，并出现管道腐蚀泄漏事故。这方面，长庆油田对集输管道的防腐蚀泄漏做了很多工作。

本书主要结合近几年长庆油田地面集输管道的腐蚀和防护现状，比较系统地论述了超低渗透油藏地面集输管道的主要腐蚀特征、防腐和修复措施，以及油田开发CO_2驱油方式产生的主要内腐蚀特性和腐蚀机理，还包括了腐蚀检测、腐蚀监测和地面管道选材等技术。

全书由孙芳萍拟定提纲，第一章由常志波和文红星编写，第二章由孙芳萍和邹凌川编写，第三章由邵治翠和官淑毓编写，第四章由孙银娟和高耘编写，第五章由刘曼和贾珊珊编写，第六章由孙芳萍和罗慧娟编写，第七章由高耘和刘佳明编写，第八章由周子栋和孙芳萍编写，第九章由常志波和周子栋编写。全书由孙芳萍统稿，常志波、黄志和官淑毓对全书进行了审阅及修订。同时，在编写过程中，杨学青和臧国军同志提供了诸多宝贵资料及修改意见，再次表示衷心感谢。

本书旨在为从事腐蚀与防护科研、设计和现场技术人员提供参考和借鉴，油田集输管道腐蚀影响因素多、涉及学科广，由于笔者水平有限，书中不足之处还望读者批评指正。

目 录

第一章　油田开发概述及油井采出物特性

长庆油田地处鄂尔多斯盆地，属于典型的低渗、低压、低丰度的"三低"油气藏，地质条件复杂，单井产量低，勘探开发难度大。在 40 多年的开发建设中，油田以"提高单井产量，降低投资成本"为主线，针对低渗透油田的实际情况，突出整体性和规模性，切实做到勘探开发一体化，采用新技术、新模式、新机制，实现了低渗透油田的低成本、高质量的开发，探索出一系列有利于高效开发低渗透油田的技术，成为全国低渗透油田开发和开采的先驱者。

油田采出物通常以油、气、水和地层微粒共存的形式从地层中开采出来，原油性质、伴生气性质、地层水性质及流动状态都会对生产系统产生腐蚀影响。油田采出物的种类和介质与油田开发密切相关，用聚合物增压的油田采出物中通常含有聚合物，用 CO_2 驱采出的油田采出物中通常含 CO_2，而用注水采出的油田井口通常含有大量的水。并且由于原油本身主要为烃类混合物，这些混合物中的轻质组分在常温常压下，以气体的形式出现在井口。另外，一些溶解在液体里的固体物质如土壤、碎石，在从地下到地上输送的过程中也被带到井口，因此，井口采出物通常是含有气体和泥沙的油水混合物，混合物的种类也较为复杂。

第一节　油田开发与开采概述

一、长庆油田开发历程

长庆油田在鄂尔多斯盆地开发历程可分为以下五个阶段：

第一阶段——20 世纪 80 年代以前，采用"常规压裂"等技术，使 10～50mD 的低渗透油藏得到有效动用，初步形成了上百万吨规模的原油生产能力；

第二阶段——20 世纪 90 年代初，采用"大规模压裂、井网优化、注水开发"等技术，使 1～10mD 的低渗透油藏基本得到有效动用；

第三阶段——20 世纪 90 年代中期，通过安塞低渗透油田开发和技术攻关实践，采用"丛式钻井、中等规模压裂、温和注水"等技术，使 0.5～1mD 的低渗透油田实现了规模有效开发，安塞模式得以在全国石油系统推广，初步形成了具有长庆特色勘探开发低渗透油气藏油气理论、主体技术和建设模式；

第四阶段——21 世纪以来，伴随着长庆油田的快速上产，采用"整体压裂、超前注水"等技术，使得低于 1mD 以下的数十亿吨低渗透 I 类储量得到了有效动用，陆续发现了西峰油田、姬塬油田，形成了油田、气田开发的良性接替系列；

第五阶段——自 2008 年起，在 0.3mD 储层攻关和先导性试验成果基础上，按照"技术集成、开采简化、机制创新、效益开发"的思路，把攻克目标瞄准渗透率低于 1mD 甚至低于 0.5mD 的低渗透油藏，以"整体勘探、整体评价、整体开发"为原则，探索低渗透油藏开发新技术、新机制、新模式。

二、油田开发特点

虽然低渗透油田开发难度很大，但从正反两方面的观点来看，低渗透储层也有相对有利的一面，即低渗透油藏有油层分布稳定、储量规模较大、原油性质较好、水敏矿物较少、储层微裂缝发育、宜于注水开发、稳产能力强等有利条件，利于规模化建产。自 2008 年低渗透油藏投入规模开发以来，长庆油田始终坚持"经济有效，规模开发"的基本思路，原油产量快速增长，主要有如下特点[1]。

1. 低成本开发建设

多井低产是低渗透油藏开发建设必须面对的现实。随着长庆低渗透油藏难动用储量和深层储量逐步投入开发、井深在逐步增加，单井产量则在逐步下降，万吨产能建设的油水井数成倍增长，开采的成本将越来越高。提高单井产量和降低投资成本是长庆低渗透油藏效益开发的两大核心工作内容，必须面对现实、解放思想、实事求是，做好技术创新、管理创新和深化改革，走低成本、高质量、集约化发展的新路子。

在实施低成本战略过程中，通过创新的开发模式，进行精细储层描述、井网技术、压裂改造技术、强化超前注水，采用"一大五小"（大井场和小井距、小水量、小套管、小机型、小站点）开发模式，持续推进地面优化、简化工作，推行标准化设计、模块化建设、数字化管理、市场化运作的"四化"建设模式，降低建设成本，实现快速、规模、有效开发。

2. 大规模开发建设，快速上产

长庆低渗透油藏的分布和储量条件决定了其具备大规模上产的基础，根据中国石油天然气集团有限公司提出"效益开发，战略产出"的总体部署和"东部硬稳定、西部快发展"的战略、长庆油田处于快速发展时期，2 年时间即实现 $2000 \times 10^4 t/a$ 向 $3000 \times 10^4 t/a$ 跨越，成为我国近年来陆上油气储量、产量增长速度最快的油田。长庆油田为实现 $5000 \times 10^4 t/a$ 战略目标，低渗透油藏开发无疑是最现实的发展方向之一。

勘探开发一体化是解决储量和产量快速增长的有效途径。勘探开发一体化改变过去先勘探、后评价、再开发的做法，围绕含油富集区，预探、评价、开发井三位一体，按开发井网统一规划、整体部署，边发现、边评价、边开发，通过整体性评价、一体化部署、规模化建产，勘探向开发延伸，开发向勘探渗透，大大缩短了勘探开发周期，实现了储量和产量的快速增长。

市场化解决了工程技术服务力量因大规模开发短缺的问题，大量的社会施工队伍集结低渗透油藏开发，展开了规模建产的大场面。工程建设方面，积极推行钻井提速工程和标准化建设，适应了滚动开发、快速建产的需要。

低渗透油藏开发按照快速开发建设思路，一个油田从预探发现到规模开发的周期从过去的5～8年缩短到目前的2～3年。例如，华庆油田用不到两年时间，提交探明储量$2.63 \times 10^8 t$，控制$2.64 \times 10^8 t$。已动用$1.23 \times 10^8 t$，建成年产能$165 \times 10^4 t$。

3. 高水平、高质量开发

建设现代化的大油田是长庆低渗透油藏开发的终极目标，低成本开发并不意味着因陋就简。在安全环保标准不降、管理水平不降、以人为本措施不降的基础上，通过工艺简化、标准控制、机制创新，实现低成本条件下的高水平、高质量开发建设。在技术应用方面，大力提倡工艺简化和技术进步，积极推动技术集成创新，技术攻关与生产建设一体化，以技术攻关成果指导生产建设实施，以生产建设实施效果来检验技术成果，实现科学建产；在管理上，借助现代化的科技手段，通过数字化管理来减少用人数量，提高油田的管理水平；在安全环保方面，开发建设、生产运行、安全环保一体化，安全环保理念贯穿落实于生产建设各个环节，实现绿色建产、有序开发。

三、油田开发技术

低渗透油田开发是一项极其复杂、多技术集成的系统工程，1907年中国大陆钻成第一口油井——延1井，发现了延长油矿，踏出了低渗透油藏开发的第一步，到现在已经百余年的历史。目前，对于低渗透油田开发已形成了一系列的技术，主要包括油气藏描述技术、钻井技术、完井技术、储层增产技术、驱替技术、井网加密技术等。

实践表明，这些技术的成功研发与应用，对低渗透油田的增储上产发挥了十分重要的作用。不断提高单井产量，推广应用"新技术、新工艺、新材料、新装置"，这是低渗透油田开发成功的关键所在。

四、油田开采方式

由于油藏的构造和驱动类型、深度及流体性质的差异，其开采方式也不相同。

自喷采油法是完全依靠油层能量将原油从井底举升到地面的采油方式。凡是油井能够自喷采油的油田，其油层压力比较大，驱油能量比较足，油层的渗透率比较高。这是油田开发中最为理想的一种开采方式。一个油田的自喷期毕竟是有限的，之后总是要转到用机械采油的方式来继续开采。

机械采油是目前我国最为常见的采油方式，也称为深井泵采油。有的油藏能量低，渗透性差，油井开始即不能自喷；还有的自喷开采的油藏，在油井含水率达到一定程度后就不再自喷了。在这两种情况下，都只能用机械开采的方式来进行开采。我国90%以上的采油井均采用机械采油。机械采油包括用水力活塞泵、电动潜油泵和射流泵等的无杆泵采油和用游梁式深井泵装置的有杆泵采油。

有杆泵采油是指通过抽油杆柱传递能量的举升方式。有杆泵是以抽油机、抽油杆和抽油泵"三抽"设备为主的有杆抽油系统,主要优点是结构简单,维修管理方便,在中深采油井中泵的效率为50%左右,适用于中低产量的油井。目前世界上有85%以上的油井用机械采油法生产,其中绝大部分采用有杆泵。鄂尔多斯盆地油井地层能量低,普遍采用有杆泵采油。

第二节 油井采出物物性

一、原油性质

长庆油田原油为低密度、低黏度、低凝固点的石蜡—中间基原油,油田不同油区原油特征官能团基本相同,原油间元素组成差异较小,原油氢碳原子比在1.72~1.88之间,馏分油密度在0.7200g/cm^{3}左右。

1. 含水性

理论上,常温下合格的净化油,其本身对钢材没有明显腐蚀性。因此腐蚀性主要是由于原油含水引起钢材的腐蚀。

随着开发时间的增长,油田含水率逐渐升高。从腐蚀速率和含水率的变化曲线可以看出,在开发过程中,随着含水率的升高,腐蚀率逐渐增大。

近几年,长庆油田对含水原油现场挂片试验,进行腐蚀性研究,得到同样的结论,即原油含水率越高,对钢材腐蚀性越强。

2. 有机氯

原油中本身不含有机氯,但是在原油开采的过程中,为确保原油开采、集输的顺利进行,加入了各种采油化学用剂,导致原油中的氯化物含量呈不断增大的趋势,主要以氯代烷烃、氯代芳香烃和高分子氯化物等形式存在于油相中。

原油中有机氯是影响原油炼化过程中的主要腐蚀因素,近年来,国内油田有机氯含量异常事件偶有发生,并且新制定的国家标准中,规定对204℃前馏分油中的有机氯进行强制性检测,要求其值不大于10μg/g。因此,从2015年初开始,对主要外输站点原油进行有机氯含量检测,得出长庆油田原油中有机氯含量总体稳定在1.5μg/g以下。

3. 含硫量

原油中硫含量是原油炼化中比较重要的参数,近几年,对主要外输站点原油及204℃前的馏分油中的硫含量进行检测研究。长庆油田原油中总硫含量普遍在0.1%以下,204℃前的馏分油中低分子有机硫化物含量普遍在0.01%以下。

4. 含盐量

无机氯一般存在于地层水中,是以NaCl、CaCl$_2$、MgCl$_2$等形式溶解于原油含有的少量水中,或以结晶颗粒状态存在于原油中。盐含量能够给脱盐工艺提供技术指标,盐含量过高将会加剧下游炼化企业的负担；反之，能够大大减少原油稳定储存和炼制过程中的腐蚀和结盐等现象。

采用微库仑滴定法，按照 SY/T 0536—2008《原油盐含量的测定 电量法》，用 KY-4 微机盐含量测定仪，对原油中的含盐量进行了检测，根据检测数据得出，长庆油田主要外输站点净化原油中的含盐量基本均在 50mg/L 以下。

二、伴生气性质

伴生气是天然气的一种，是在储层中与原油同存、采油过程中与原油同时被采出、经过油气分离后产生的天然气。长庆油田伴生气主要以含烃化合物为主，烃含量为 91%～99%，含有少量 N_2 和 CO_2，而不含 CO。侏罗系延安组延 7 段—三叠系延长组长 2 段含有硫化氢，其他地层未发现含硫气体；伴生气中含有的硫化氢、二氧化碳对集输系统的腐蚀不容忽视。

天然气中，当硫化氢含量小于 $6mg/m^3$ 时，对金属材料无腐蚀作用，硫化氢含量不大于 $20mg/m^3$ 时，对钢材无明显腐蚀或此种腐蚀程度在工程所能接受的范围内。

中国石油长输管道气质技术指标中规定，长输管道硫化氢含量不应大于 20mg/L，如果大于 20mg/L，将会对管材产生腐蚀；二氧化碳含量不大于 3.0%，如果大于 3.0%，会对钢材产生腐蚀（表 1-2-1）。

表 1-2-1　中国石油 Q/SY 30—2002《天然气长输管道气质要求》技术指标

项目	气质指标
高位发热量 /（MJ/m^3）	＞31.4
总硫（以硫计）/（mg/m^3）	≤200
硫化氢 /（mg/m^3）	≤20
二氧化碳 /%（摩尔分数）	≤3.0
氧气 /%（摩尔分数）	≤0.5
水露点	在最高操作压力，水露点应比最低环境温度低 5℃

长庆油田部分区块油藏伴生气 H_2S 含量大于 $20mg/m^3$，甚至个别区块的硫化氢含量已经达到中含硫，对钢材的腐蚀性明显。所以这些区块应该做好相应的防护防范措施，以减小腐蚀损失。

矿场伴生气均含有饱和水蒸气，在水的作用下，个别区块油藏伴生气含有硫化氢气体，含有硫化氢伴生气在水的作用下，是系统产生腐蚀的主要原因。其他不含硫伴生气的二氧化碳也会导致系统腐蚀。

长庆油田油井井口回压普遍在 2.0MPa 以下，油水分离系统运行压力小于 0.3MPa；原油集输系统 CO_2 分压小于 0.021MPa，根据公式：输油管线中 CO_2 分压 = 井口回压×CO_2 百分含量，计算得出，CO_2 对集输系统不会产生明显腐蚀（表 1-2-2）。

表 1-2-2 CO_2 分压与腐蚀关系

CO_2 分压 /MPa	腐蚀严重程度
<0.021	不产生
0.021~0.210	中等
>0.210	严重

三、采出水性质

地层水普遍矿化度较高，其中含有的 Cl^-、SO_4^{2-}、HCO_3^-，是引起腐蚀的主要因素。$NaHCO_3$、Na_2SO_4 型地层水以富含 SO_4^{2-}、HCO_3^- 为主；$CaCl_2$ 型地层水以富含 Cl^- 等离子为主，SO_4^{2-} 和 HCO_3^- 明显较低。

微生物在地层中也是普遍存在的，尤其是腐蚀性细菌 SRB 的存在，在开采过程中大量滋生，将会加剧生产系统的腐蚀。

根据以往建设经验，油田采出水的腐蚀性，沿处理站流程不同节点，腐蚀速率发生变化，下游腐蚀速率最小，因此，采出水处理站沿流程腐蚀率呈下降趋势。

四、注入水性质

油田注入水主要以白垩系洛河层为主，普遍富含 SO_4^{2-}、HCO_3^- 等离子。根据对不同区块的清水注入水进行腐蚀性研究，发现清水注入水的腐蚀主要影响因素为溶解氧和 SRB，随着溶解氧含量的增大，腐蚀速率逐渐增大。并且腐蚀速率沿流程也是呈逐渐下降趋势。

第二章 腐蚀特点及机理分析

油田地面工程大部分地域属黄土高原，主要以黄土梁峁及沟地貌为主，生产系统外腐蚀整体较轻。但受地形地貌的影响，长庆油田部分油藏含有硫化氢气体；地层水中普遍含有较高的矿化度、SRB、TGB 等细菌，尤其是 Cl^-、HCO_3^- 和 SO_4^{2-} 可极大促进地层水对金属设施的腐蚀；油田注入水主要以白垩系宜君—洛河层水作为水源，腐蚀因素主要是溶解氧和硫酸盐还原菌。此外，多层系立体开发面临着层系间采出水不配伍、注入水与地层水不配伍、系统混层腐蚀结垢严重等实际问题。随着部分低渗透、特低渗透油藏进入中高含水期，硫化氢、二氧化碳等腐蚀因素的存在将会明显提高地面系统内腐蚀发生概率和腐蚀速率。地面系统介质中二氧化碳、硫化氢等酸性气体、溶解氧、水质矿化度及各种细菌等均是产生系统内腐蚀的主要因素。

第一节 地面介质腐蚀特点

一、全面腐蚀

De Ward 等提出了二氧化碳的腐蚀机理，认为钢的腐蚀是受氢放电动力学所控制，其极限电流与同一值的酸溶液中氢放电的数值相同，引起的腐蚀其实质就是一个酸腐蚀过程。其反应机理步骤如下：

（1）CO_2（溶液）+$H_2O \longrightarrow H_2CO_3$（溶液）

（2）H_2CO_3（溶液）+$H_2O \longrightarrow H_3O^+$（溶液）+$HCO_3^-$（溶液）

（3）H_3O^+（溶液）$\longrightarrow H_3O^{+*}$

（4）$H_3O^{+*}+e \longrightarrow H$（吸附）+$H_2O^*$

但是，最近在很多实验工作中发现，钢在溶液中的腐蚀比在同一值的酸溶液中严重。其主要原因在于二氧化碳能够对 H^+ 放电反应起催化作用，加快了这一过程。随后由 G.Schmitt 提出了较完整的腐蚀机理，其反应历程为：

（1）CO_2（溶液）$\longrightarrow CO_2$（吸附）

（2）CO_2（吸附）+$H_2O \longrightarrow H_2CO_3$（吸附）

（3）H_2CO_3（吸附）+$e \longrightarrow H^+$（吸附）+HCO_3^-（吸附）

（4）H_2CO_3（吸附）+$H_2O^* \longrightarrow H_3O^{+*}+HCO_3^-$（吸附）

（5）$H_3O^{+*}+e \longrightarrow H^+$（吸附）+$H_2O^*$

（6）HCO_3^-（吸附）+$H_3O^+ \longrightarrow H_2CO_3$（吸附）+$H_2O$

G.Schmitt 认为析氢反应可按如下历程进行：

$$1 \longrightarrow 2 \longrightarrow 3 \longrightarrow 6 \text{ 或 } 1 \longrightarrow 2 \longrightarrow 4 \longrightarrow 5$$

Crolet 等提出的反应可能是最合乎情理的机理。根据文献，不同 pH 值条件下有不同的离子反应扩散（RDS）。显然溶液中 H^+ 浓度对钢在介质中的腐蚀速率有着重要影响，且溶液中存在的每种溶解物对阴极反应都有贡献。

二、局部腐蚀

20 世纪 90 年代起，腐蚀研究领域的重点逐渐转移到局部腐蚀机理和防护技术上来。实际上，二氧化碳的腐蚀破坏往往表现为局部腐蚀穿孔。二氧化碳局部腐蚀穿孔表观上主要有蜂窝腐蚀和台地腐蚀等形式[2]。很多学者认为碳钢二氧化碳局部腐蚀是由于在材料表面覆盖了腐蚀产物后构成了电偶腐蚀，加速了碳钢的局部腐蚀。Xia Z 等研究碳钢在含二氧化碳溶液中的孔蚀时指出，表面覆盖有 $FeCO_3$ 的区域与另一些无腐蚀产物覆盖的处于裸露状态的区域形成了电偶腐蚀，由此产生了点蚀。Rlesenfeld 等认为在二氧化碳腐蚀过程中形成的腐蚀产物，如 $FeCO_3$ 和水合氧化物等能够与碳钢形成电偶腐蚀，加速碳钢的腐蚀。Crolet 等指出碳钢腐蚀后表面渗碳体 Fe_3C 成分为导电体，可作为阴极反应活性点。

1. 局部腐蚀的初始诱发机制

局部腐蚀的初始诱发机制主要有台地腐蚀机制、流动诱导机制和内应力致裂等 3 种机制。其发展历程如下。

（1）台地腐蚀机制：Nyborg 等利用原位拍摄研究了腐蚀产生膜生成及发展过程，提出了台地腐蚀机制。认为局部腐蚀最初发生在几个小点，小点发展到一定的尺寸时，小孔之间连成一片。一些外部因素将覆盖小孔腐蚀产物膜打开，形成台地腐蚀形貌。

（2）流动诱导机制理论认为腐蚀产物膜粗糙表面引起管道的微湍流，所产生的剪切应力促使腐蚀产物膜局部变得更薄，并进一步发展为疏松的孔。这些疏松孔所对应的基体处变成了"小阳极"，而产生局部腐蚀破坏。Scmitt 等研究了碳钢在不同的剪切应力下的局部腐蚀破坏行为。认为碳钢初始随机产生的点蚀引发流动，诱发局部腐蚀，流速越高，流动诱导局部腐蚀破坏越严重。但是有研究表明，流体所产生的剪切应力太弱而不至于破坏碳酸亚铁膜与基体的附着性，因此流动不是引发局部腐蚀的主要因素。因而 Mueller 等提出了内应力致裂机制。

（3）Mueller 等通过测碳酸亚铁膜生成过程中的内应力变化，提出了局部腐蚀的内应力致裂机制。膜的厚度增至一定程度时，膜内应力太大而导致膜破裂，从而形成了电偶腐蚀。

2. 局部腐蚀表现形式

局部腐蚀的表现形式有很多种[3]，归纳起来主要有以下 7 种。

1）缝隙腐蚀

在金属零部件，金属与金属或非金属之间形成缝隙，如焊接、铆缝垫片或沉积物下，这时碳酸进入缝隙而停留在里面，使缝隙内部腐蚀加剧。

缝隙腐蚀的破坏性通常呈现沟缝状，严重时可穿透，其机理为：（1）电解质进入缝隙内；（2）腐蚀闭塞区金属离子增浓；（3）碳酸氢根等阴离子进入闭塞区，金属离子水解，值下降；（4）裂缝内产生自催化加速过程，氢在尖端析出，深入裂缝前缘，使金属脆化。

2）应力腐蚀断裂（SCC）

前两个阶段与缝隙腐蚀相同。腐蚀是在对流不畅、闭塞的微小区域内进行，成为闭塞电池腐蚀。在第三阶段，由于金属内存在一狭长的活性通路，在拉应力作用下，通路前端的膜反复间隙的破裂，腐蚀沿着与拉应力垂直的方向前进。当在闭塞区裂缝尖端产生了氢，一部分氢可能扩散到金属尖端的内部，引起脆化，在拉应力作用下有可能发生脆化断裂。裂纹在腐蚀和脆断的反复作用下迅速扩展。

3）腐蚀磨损

流体对金属表面同时产生腐蚀和磨损的破坏形式称为腐蚀磨损。在高速液流的冲击下，由于腐蚀产物被冲击气流带走，使金属表面裸露，腐蚀加剧。若流体的流速高，或有湍流存在，同时流体中含有气泡和固体离子，其腐蚀磨损将会相当严重。湍流引起的腐蚀磨损常位于流体从大截面流入小截面时，可导致管子入口处数十毫米处发生严重腐蚀。冲击磨损常发生在流体改变运动方向的地方，如管子的弯头。腐蚀磨损常见的外部特征有局部性沟槽、波纹和凹凸不平的形状，这些形状常带有方向性。

4）氢腐蚀

在一定条件下，天然气中的水凝结在金属表面形成水膜，二氧化碳溶解并极易附着在金属表面，使金属发生氢去极化腐蚀：

$$CO_2 + H_2O \longrightarrow HCO_3^- + H^+$$

$$2H^+ + 2e \longrightarrow H_2$$

若氢原子不能迅速结合为氢分子排出，则部分氢原子可能扩散到金属内部，引起各种破坏：当氢原子扩散到钢中，在其缝隙处结合成氢分子，当氢分子不能扩散时，就会积累形成巨大内压，引起钢材表面鼓泡，甚至破裂。这种现象常在低强度钢，特别是含大量夹杂物的低强度钢中发生。氢诱发阶梯裂纹是指暴露于二氧化碳环境中的钢，在其内部沿轧制方向产生阶梯状连接起来又易于穿过壁厚的裂纹。这种裂纹的特征是，裂纹互相平行并被短的横向裂纹连接起来，形成"阶梯"，连接主裂纹的横向裂纹是由于主裂纹间的剪切应力引起的，它会使有效壁厚减少，从而导致管线过载，出现泄漏或破裂。氢鼓泡多发生在表面缺陷部位，而氢诱发阶梯裂纹一般出现于钢的深处，两者都是吸收了初生态氢然后在钢材不连续的缺陷部位聚集，形成内部高压所致。

5）坑点腐蚀

钢材在气相和液相环境中都可能发生坑蚀。二氧化碳腐蚀最典型的特征是呈现局部性的坑蚀、轮癣状腐蚀和台面状腐蚀。其中台面状腐蚀是腐蚀过程中最严重的一种情况，其腐蚀穿透率很高，每年可达几毫米。二氧化碳坑蚀常为半球形深坑，且边缘成陡角状。台面状腐蚀是因为在腐蚀反应进行的同时也存在腐蚀产物碳酸亚铁、四氧化三铁等，在金属表面形成保护膜的过程，膜生成不均匀或破损常常引起局部的无膜台面状腐蚀。

6）空泡腐蚀

空泡腐蚀常称为氢蚀气体腐蚀，它是腐蚀磨损的一种特殊形式。由于液体的湍流或温度变化引起局部压力下降，空泡析出，一般泡内仅有少量的水蒸气，存在的时间非常短，一旦破灭，产生强大冲击波，其压力有时可以达到400MPa，使金属保护膜破坏，有时可引起金属局部的范围变形，甚至将金属离子撕破。膜破口处的金属遭受腐蚀，随即重新成膜，在同一点上又形成新的空泡，并迅速破灭，如此反复进行，结果产生分布紧密的深蚀孔，使金属表面变得十分粗糙。

7）冲蚀

冲蚀也是腐蚀磨损的一种形式，它的破坏主要表现在三个方面：气相流体与管壁间的剪切力造成界面机械疲劳；产出气携带出的杂质如岩土粉末、腐蚀产物粉粒等对管壁的直接冲击；有冲蚀形成的"微坑"及"擦痕"，也为形成众多的微腐蚀电池创造了良好的条件。冲蚀力还能将具有一定阻蚀作用的腐蚀产物层剥离带走，将活性金属表面始终暴露于腐蚀介质中，从而加速腐蚀过程。在含二氧化碳的介质中，腐蚀产物（$FeCO_3$）、垢（$CaCO_3$）或其他的生成物膜在钢铁表面不同的区域覆盖度不同，这样，不同覆盖度的区域之间形成了具有很强自催化特性的腐蚀电偶或闭塞电池。

第二节　腐蚀影响因素

一、矿物化学成分

水中的矿物化学成分极大地影响着钢铁二氧化碳腐蚀速率和腐蚀形式。在油田地层中矿物含量较高，因而使二氧化碳驱油所产生的返排水中含有大量的矿物化学成分。其中，最主要的成分主要有氯离子、钙离子、镁离子和硫酸根离子等矿物离子。

1. 水介质中氯离子含量

油田污水矿化度比较高，离子含量较高，其中氯离子是在油田污水中普遍存在的一种阴离子。在常温下，氯离子的加入使得二氧化碳在溶液中的溶解度减小，结果使得碳钢的腐蚀速率降低。研究表明，在二氧化碳分压为5.5MPa，温度为150℃时，如果NaCl的含量低于10%，碳钢的腐蚀速率随着氯离子浓度的增加而轻微减小，但当含量超过

10% 时，随着氯离子浓度的增加，碳钢的腐蚀速率急剧增加。这是因为，氯离子的存在会大大地阻碍钝化膜的形成。其对金属的腐蚀有着显著的影响，主要表现在碳钢的全面腐蚀、不锈钢的点蚀和应力腐蚀开裂等局部腐蚀。

氯离子对钢铁腐蚀电化学阳极反应的影响主要有 3 种机制，即 Lorenz 的卤素抑制机制、Chin 等提出的卤素促进机制和不参与阳极溶解机制；对阴极的影响主要有促进机制和不参与阴极过程两种机制。具体可引用以下电化学反应机理。

阳极反应为：

$$Fe + Cl^- + H_2O = \left[FeCl(OH)\right]_{ad}^- + H^+ + e$$

$$\left[Fecl(OH)\right]_{ad}^- \longrightarrow FeClOH + e$$

$$FeClOH + H^+ = Fe^{2+} + Cl^- + H_2O$$

阴极反应为：

$$CO_2 + H_2O \longrightarrow H_2CO_3$$

$$H_2CO_3 + e \longrightarrow H_{ad} + HCO_3^-$$

$$HCO_3^- + H^+ = H_2CO_3$$

$$H_{ad} + H_{ad} = H_2$$

Cl^- 浓度和点蚀电位之间的关系为：

$$E_{b,Cl^-} = a + b\lg c_{Cl^-} \tag{2-2-1}$$

式中　E_{b,Cl^-} ——临界点蚀电位。

关于 Cl^- 在二氧化碳环境下对金属腐蚀的影响可以分为两种观点。一种是 Cl^- 的存在会降低腐蚀速率，另一种观点是 Cl^- 的存在会增加腐蚀倾向。后又经研究表明，上述两种观点在对应的条件下都是能够成立的。

2. 水介质中钙离子和镁离子含量

Ca^{2+}、Mg^{2+} 存在时，增大了溶液的硬度，使离子强度增大，导致二氧化碳溶解在水中的亨利系数增大，根据亨利定律，当其他条件相同时，溶液中溶解的二氧化碳会减少。此外，钙离子的存在会使介质的导电性增强，但是介质的结垢倾向也会增大。一般来说，在其他条件相同的情况下，钙离子的存在会降低全面腐蚀，但局部腐蚀的严重性会增加。

因此，钙离子和镁离子的存在一定程度上会影响金属的腐蚀速率。钙离子会与硫酸根离子和碳酸根离子等发生沉淀反应，通过改变腐蚀产物膜的成分和结构而影响腐蚀速率。钙离子造成的腐蚀形式会随着其浓度的增加而由均匀腐蚀转变为局部腐蚀和全面腐蚀共同作用的腐蚀形式。

二、pH 值及微生物

介质的 pH 值也是影响钢材二氧化碳腐蚀的一个重要因素，对钢材抗二氧化碳腐蚀有很重要的影响。原因在于介质的 pH 值变化会影响铁溶解的电化学反应，并且影响着腐蚀产物保护膜的沉积。在特定条件下，溶液成分能缓冲 pH 值，导致腐蚀附着物沉积并可能降低腐蚀速率。此外，当腐蚀层处在特定环境中，那么可能本身就具有腐蚀性而且还有可能加剧腐蚀。如图 1-4-1 所示，如果二氧化碳分压保持不变，随着 pH 值的增大，$FeCO_3$ 的溶解度会减小，使生成 $FeCO_3$ 保护膜更加有利。同时，在局部高 pH 值的情况下会引发腐蚀的不均匀性。pH 值的变化也会直接影响金属材料在含二氧化碳介质中的腐蚀形态及腐蚀电位等。

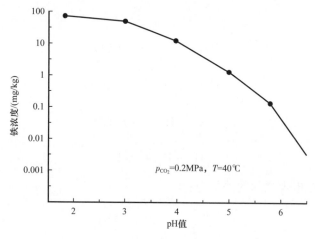

图 2-2-1　pH 值对 $FeCO_3$ 溶解度的影响

管道输送介质中经常存在着多种微生物和植物，这些水生性植物和微生物能吸附在管道内表面上生长繁殖，尤其是在较温暖的水质中，这些附着生物对管道有很强的吸附能力，对其造成不同程度的腐蚀性破坏，因此将这些微生物也称之为污损生物，污损生物的吸附会引起防腐涂层的脱落而造成严重的腐蚀，有些微生物本身对金属就有腐蚀作用。

在世界上每年由于腐蚀而报废的冶金产品中，约 20% 是由微生物腐蚀引起的。水质介质中种类繁多的微生物，附着于管道表面，形成生物膜。膜中主要有微生物细胞及其代谢产物，后者包括胞外聚合物和无机沉淀物。生物膜，尤其是胞外聚合物与金属离子的相互作用，一直被认为是微生物腐蚀的主要机制，这种受微生物影响的金属腐蚀称为微生物腐蚀。其本质是微生物新陈代谢的产物，通过影响腐蚀反应的阴极过程或阳极过程，从而影响腐蚀速率和类型。

三、二氧化碳分压

二氧化碳分压（p_{CO_2}）是二氧化碳腐蚀中的重要因素之一。当温度低于 60℃时，二氧化碳分压对碳钢和低合金钢的影响可用 De Ward 等提出的经验公式 [式（2-2-2）]。

$$\lg v_c = 0.67 \lg p_{CO_2} + C \tag{2-2-2}$$

式中　v_c——腐蚀速率，mm/a；

　　　p_{CO_2}——二氧化碳分压，MPa；

　　　C——与温度 T 相关的常数。

式（2-2-2）表明钢的腐蚀速率随着二氧化碳分压的增加而增大。但是，此式只能用来估算没有膜的裸钢的最大腐蚀速率。且该式并不能反映出流动状态、合金元素等对腐蚀速率有重要影响的事实，从而限制了它的实际应用范围。

在一般情况下，由于二氧化碳不是一种理想气体，常采用逸度表示二氧化碳的真实分压，如式（2-2-3）所示：

$$f = kp \tag{2-2-3}$$

式中　f——逸度；

　　　k——逸度系数；

　　　p——二氧化碳真实分压。

由于逸度系数的可变性，而且二氧化碳在水溶液中的溶解度也常会受到溶液中的离子强度的影响而发生变化，因此，Ward 经验公式中的系数 0.67 也并不是固定值。一般认为，二氧化碳分压和材料的均匀腐蚀速率之间近似满足线性关系。

根据美国防腐蚀工程师协会（NACE）相关标准，二氧化碳分压会造成以下程度的腐蚀见表 2-2-1。

表 2-2-1　二氧化碳分压对腐蚀程度的影响

CO$_2$ 分压 /MPa	腐蚀严重程度
$p_{CO_2} < 0.021$	属于无腐蚀或极轻微腐蚀，不需要采取防腐措施
$0.021 \leq p_{CO_2} \leq 0.21$	属于中等腐蚀，应当采取相应的防腐措施
$p_{CO_2} > 0.21$	属于严重腐蚀，需采用防腐性好的管材

国内四川、胜利以及国外 Litfle creek 等油田的二氧化碳分压基本都大于 0.21MPa，二氧化碳腐蚀较为严重。

四、硫化氢含量

H$_2$S 也是油气工业中主要腐蚀性气体。在管道内表面，H$_2$S 可以形成 FeS 膜，引起局部腐蚀，导致氢鼓泡、硫化物应力腐蚀开裂（SSCC）并能和二氧化碳共同引起应力腐蚀开裂（SCC）。不同浓度的 H_2S 对二氧化碳腐蚀的影响可分为三类。第一类，环境温度较低（60℃左右），H_2S 对二氧化碳腐蚀的阴极反应而加快腐蚀的进行。第二类，温度在 100℃左右，H_2S 浓度超过 33mg/kg 时，局部腐蚀降低但均匀腐蚀速率加快。当温度在 150℃附近时，发生第三类腐蚀，金属表面形成 $FeCO_3$ 或 FeS 保护膜，从而抑制腐蚀的进行。

对于 H_2S 腐蚀的机理，Iofa 等认为 H_2S 在钢铁表面形成了离子或偶极化合物，而且它的负极指向溶液，因此，H_2S 溶液中的腐蚀阳极反应分以下两步进行：

$$Fe + H_2S + H_2O \longrightarrow FeSH^-_{ads} + H_3O^+ \qquad (2-2-4)$$

$$FeSH^-_{ads} \longrightarrow FeSH^+_{ads} + 2e \qquad (2-2-5)$$

Shoesmith 等认为，继反应（2-2-5）后，在少部分酸性溶液中，$FeSH^+_{ads}$ 可能按方程式（2-2-6）直接转化为 FeS；而在大多数酸溶液中，将按式（2-2-7）进行水解：

$$FeSH^+_{ads} \longrightarrow FeS + H^+ \qquad (2-2-6)$$

$$FeSH^+_{ads} + H_2O \longrightarrow Fe^{2+} + H_2S + H_2O \qquad (2-2-7)$$

对于其阴极反应机制，Schmitt 认为，腐蚀速率比仅由 pH 值引起的阴极反应高，因此 H_2S、HS^- 和 H^+ 都有参与阴极反应的可能：

$$2H_2S + 2e \longrightarrow 2HS^- + [H]_{ads} + [H]_{ads} \longrightarrow 2HS^- + H_2 \qquad (2-2-8a)$$

$$2HS^- + 2e \longrightarrow 2S^{2-} + [H]_{ads} + [H]_{ads} \longrightarrow 2S^{2-} + H_2 \qquad (2-2-8b)$$

$$2H^+ + 2e \longrightarrow [H]_{ads} + [H]_{ads} \longrightarrow H_2 \qquad (2-2-8c)$$

具体哪一个反应占主导地位，目前还不十分清楚。

H_2S 除了引起上述电化学腐蚀外，还会导致管道管材的氢损伤，见式（2-2-9）。

$$H^+ + e \longrightarrow [H]_{ads} \longrightarrow \begin{cases} [H]_{ads} + [H]_{ads} \longrightarrow H_2 \text{（逸出）} \\ [H]_{ads} \longrightarrow \text{扩散进入金属基体} \end{cases} \qquad (2-2-9)$$

氢损伤机理是，由于 H_2S、HS^- 及 S^{2-} 在电极表面具有极强的吸附性，阻滞了还原反应生成的活性氢原子结合成氢分子过程，加速了氢原子向金属基体中的扩散，在缺陷处（夹杂、晶格、晶界缺陷等）聚集，或者氢原子以间隙原子的形式存在于晶格中，显著降低材料的塑性和韧性，增加材料的开裂敏感性，导致材料灾难性失效。最为常见的氢损伤主要有硫化物应力开裂（SSC）和氢致开裂（HIC）等。

SSC 过程是一个复杂的过程，对其机理的研究还不很充分，迄今还没有一个确定的解释。它涉及电化学、力学以及金属物理等方面的知识。首先，钢材表面比较粗糙，存在划痕、凹坑和钝化膜的不连续性，由于其电位比其他部位低，存在电化学不均匀性而成为腐蚀的活泼点，以致成为裂纹源。其次，在 H_2S 的作用下，阴极反应生成的活性氢原子结合成氢分子的过程受到阻滞，其扩散到金属内部，致使材料脆性增大。最终，在应力与腐蚀的交替作用下，裂纹源很快形成裂纹，应力集中于裂纹尖端，而该处高的 H^+ 浓度（裂纹内局部酸化）和应力集中，极大地促进了活性氢原子的吸收，致使裂纹在拉应力的作用下向纵深方向发展，直至断裂。

SSC 与高温条件下 H_2S 或 Cl^- 等引发的应力腐蚀开裂（SCC）有一定的区别和联系。相同点在于都是腐蚀引发的开裂现象，腐蚀是诱因，如 SSC 的阴极反应产物活性氢原子[H]，SCC 的阳极局部溶解形成裂纹源等；不同点为 SSC 的本质是金属中的活性[H]或 H_2 改变了金属的特性（韧性、强度降低；脆性增大），在腐蚀和拉应力的作用下导致裂纹的萌生、扩展，直至最终失效，其裂纹源并不全是起源于材料表面，钢材内部缺陷也可能成为裂纹源。温度升高将促进[H]从金属表面的脱附，降低 SSC 敏感性。因此，SSC 用阴极析氢致脆理论解释更为合理；而 SCC 的发生则是首先要有局部腐蚀存在，如不锈钢的点蚀（而材料的特性并未发生改变），这样才可能在拉应力的作用下引起裂纹的萌生、扩展，局部腐蚀占主导作用（如不锈钢高温条件下在环空保护液中的 Cl^- 应力腐蚀开裂；碳钢高温条件下的 H_2S 应力腐蚀开裂等）。因此，SCC 为表面裂纹，用阳极溶解理论解释更为合理。

HIC 同样是由于 H_2S 的作用，氢难以结合成氢分子逸出而进入钢中。进入钢中的氢，以高的内压（可达 106MPa）产生的表面裂纹称为氢致鼓泡；进入钢内部的氢，在夹杂物和偏析带富聚而产生的阶梯状裂纹称为氢致台阶式开裂。HIC 与 SCC 的区别在于 HIC 不需要外加应力就可以产生，而 SCC 则必须有拉应力作用；SSC 在不同强度级别的钢材中均可发生，尤其在高强度钢和较硬的焊缝区易于发生，开裂方向常垂直于应力方向，介质浓度可以很小；而 HIC 则主要在低、中强度材料中产生，裂纹方向平行于管表面，介质浓度相对较大；HIC 裂纹一般在钢中的非金属夹杂物和偏析带处萌生，沿着珠光体带或低温转变产物马氏体、贝氏体带扩展。材料应该具有低的硫含量（小于 0.005%；在严重酸性条件下小于 0.002%）；进行有效的非金属夹杂物形态控制和减少显微成分偏析。

H_2S 的出现会明显降低管材的全面腐蚀速率，原因在于钢表面形成了不同的铁的硫化物保护膜，对金属基体有着较强的保护作用，在相同腐蚀条件下（溶解量相同），碳钢的 H_2S 腐蚀速率为 O_2 腐蚀速率的 1/400，为 CO_2 腐蚀速率的 1/80。因此，关于管道管材的 H_2S 腐蚀影响因素，更应关注环境及材料理化性能对其抗氢损伤性能的影响。

当环境的其他参数相同时，SSC、HIC 敏感性随 H_2S 浓度的增加而增加，并在饱和 H_2S 溶液中达到最大值。对于强度与硬度相同的材料，发生 SSC 所需时间一般随 H_2S 浓度的增加而缩短。H_2S 分压表示式如下：

$$p_{H_2S} = pV_{H_2S} \tag{2-2-10}$$

式中　p_{H_2S}——H_2S 分压，MPa；

　　　p——工作压力，MPa；

　　　V_{H_2S}——H_2S 的体积分数。

p_{H_2S}=0.0003MPa 是产生 SSC 的临界值：在工作压力范围内，当 $p_{H_2S} \geqslant 0.0003$MPa 时，即可产生 SSC。当工作压力确定时，引起 SSC 的 H_2S 体积分数有一临界值。

H_2S 浓度对腐蚀产物膜也有影响，管道管材的腐蚀产物除 FeS 外，还有 FeS_2、$Fe_{1-x}S$、$FeS_{0.9}$ 等。有研究表明，H_2S 质量浓度为 2mg/L 时，腐蚀产物为 FeS_2 和 FeS；H_2S 质量浓度为 2~20mg/L 时，腐蚀产物除 FeS_2 和 FeS 外，还有少量的 S 生成；H_2S 质量浓度为 20~600mg/L 时，腐蚀产物中 S 的含量最高。

五、氧气含量

O_2 和二氧化碳共存于水中会引起严重腐蚀[4]。O_2 还是铁腐蚀反应中的主要阴极去极化剂之一，此外，O_2 和二氧化碳在腐蚀的催化机制中起了重要的作用：当钢铁表面未生成保护膜时，O_2 含量的增加，使得碳钢腐蚀速率增加；如果在钢铁表面生成保护膜，则 O_2 的存在几乎不会影响碳钢的腐蚀速率。在饱和的 O_2 溶液中，二氧化碳的存在将会大大提高钢铁的腐蚀速率，因为此时二氧化碳在腐蚀中起到催化剂的作用。

当腐蚀电解质溶液中含有溶解氧时，阳极反应为：

$$Fe \longrightarrow Fe^{2+} + 2e \qquad (2-2-11)$$

阴极反应为：

$$O_2 + 4H^+ + 4e \longrightarrow 2H_2O(酸性溶液) \qquad (2-2-12a)$$

$$O_2 + 4H_2O + 4e \longrightarrow 4OH^-(中性或碱性溶液) \qquad (2-2-12b)$$

溶液中的 Fe^{2+} 与 OH^- 发生沉淀反应，或与 H_2O 发生水解反应生成 $Fe(OH)_2$，$Fe(OH)_2$ 在氧化性环境下可以继续氧化生成 $Fe(OH)_3$，最终腐蚀产物为 Fe_3O_4、Fe_2O_3 或羟基氧化铁 FeOOH，见式（2-2-13a）至式（2-2-13e）：

$$Fe^{2+} + 2OH^- \longrightarrow Fe(OH)_2 \downarrow \qquad (2-2-13a)$$

$$4Fe(OH)_2 + O_2 + 2H_2O \longrightarrow 4Fe(OH)_3 \downarrow \qquad (2-2-13b)$$

$$Fe(OH)_2 + 2Fe(OH)_3 \longrightarrow Fe_3O_4 \downarrow + 4H_2O \qquad (2-2-13c)$$

$$2Fe(OH)_3 \longrightarrow Fe_2O_3 \downarrow + 3H_2O \qquad (2-2-13d)$$

$$Fe(OH)_3 \longrightarrow FeOOH \downarrow + H_2O \qquad (2-2-13e)$$

因此，溶解氧是极强的阴极去极化剂，即使在浓度非常低的情况下（小于 1mg/L），也能引起较严重的腐蚀。由于在相同 pH 值条件下，氧电极电位比氢电极电位高 1.228V，吸氧腐蚀更容易发生，在相同溶解量的条件下，碳钢的 O_2 腐蚀速率是 CO_2 腐蚀速率的 80

倍，是 H_2S 腐蚀速率的 400 倍。

六、材质微量元素

输油管线的材质多为碳钢和低碳合金钢管，或不锈钢、镍基合金等耐蚀合金。合金元素对二氧化碳腐蚀的影响很大。

1. Cr 的影响

Cr 是提高合金耐 CO_2 腐蚀最常用的元素之一，在 90℃以下的饱和 CO_2 水溶液中，很少量的铬就能明显地提高合金材料的耐腐蚀效果。Cr 在碳酸亚铁膜中的富集，会使膜更加稳定。Cr 含量对合金在 CO_2 溶液中的全面腐蚀速度和局部腐蚀速度的影响如下，当 Cr 含量在 0.5% 时，合金会具有很好的耐 CO_2 腐蚀特性，同时合金的强度不会改变；在高温时，Cr 对 CO_2 腐蚀的影响不是非常明确。

在普通碳钢中少量添加一些合金元素，可以显著提高钢管的抗二氧化碳腐蚀的能力。大量研究表明含 Cr 元素钢在腐蚀介质中，Cr 元素会以 Cr 的氧化物或氢氧化物形式在腐蚀产物膜 $FeCO_3$ 中富集，这些含 Cr 化合物可以起到阻止离子在溶液与金属表面之间的传输作用。国内外对 13Cr 钢研究较多，特别是日本在这方面已经做了大量的工作，开发了具有优良的抗二氧化碳腐蚀 13Cr 钢材。

2. C 的影响

C 对管材耐 CO_2 腐蚀性能的影响，与碳钢结构中 Fe_3C 密切相关，主要表现为两个方面。一方面，当钢铁腐蚀时，Fe_3C 会暴露在钢铁的表面，充当腐蚀的阴极而形成腐蚀电偶，加速腐蚀；另一方面，Fe_3C 会形成腐蚀产物膜的支架，从而抑制 CO_2 腐蚀。这种相反的表现与材料显微组织有关，主要体现在铁素体—珠光体结构及淬火、回火钢上。当铁素体相被腐蚀后，铁素体—珠光体结构能形成连续的碳化物格子，在膜不能形成的条件（低温、低 pH 值）下，由于渗碳体和铁素体间的电偶耦合，碳化物相的局部腐蚀速率会增加，导致局部酸化，保护层的形成更加困难，在形成膜的条件下，这样的碳化物格子也能成为保护性碳酸亚铁膜的基础。精细的铁素体—珠光体结构会促进这一趋势。在高碳量（＞0.15%）的情况下，这一作用更加突出。

3. 其他合金元素的影响

将镍元素加入钢中是否具有对二氧化碳腐蚀的耐蚀性依然有较大的争议。镍基合金具有较好的耐蚀性，但氯离子在一定条件下会对镍基合金产生较为严重的点蚀。研究表明，Mo、Si、Co 的添加会抑制二氧化碳腐蚀。

Ni 常被添加在钢或焊条里，以提高可焊性和焊接处的强度。关于其对 CO_2 腐蚀的影响，颇有争议。大多数研究认为，其能促进 CO_2 腐蚀。Cu 的添加，对 CO_2 腐蚀的影响也很有争议。

七、其他物理条件

1. 温度

众多研究表明，温度是影响二氧化碳腐蚀的重要因素之一。温度的影响主要是对腐蚀产物膜形态结构产生影响。研究表明，根据温度对腐蚀特性的影响，把铁的二氧化碳腐蚀划分为以下几种情况。

温度小于 60℃ 时形成的腐蚀产物膜为 $FeCO_3$ 膜，但是这层膜软而无附着力，金属表面光滑。因此，出现钢的第一个腐蚀速率极大值，腐蚀类型主要以钢的均匀腐蚀为主。

在 60~100℃ 附近，腐蚀速率较高（C_{Rmax}）和存在严重的局部腐蚀（深孔）。由于 $FeCO_3$ 溶解度具有负的温度系数，溶解度随温度的升高而降低，此时金属表面形成的腐蚀产物层厚而松，形成粗结晶的 $FeCO_3$，这层膜具有一定的保护性，因而腐蚀类型以局部腐蚀为主。

110℃ 附近，腐蚀产物膜形态主要是厚而松的粗结晶，均匀腐蚀速率较高，有严重的局部腐蚀发生。此时，会出现钢的第二个腐蚀速率极大值，可发生下列反应：

$$3Fe+4H_2O \Longrightarrow Fe_3O_4+4H_2$$

150℃ 以上，形成细致、紧密、附着力强的 $FeCO_3$ 和 Fe_3O_4 膜，腐蚀速率（C_R）较低。

2. 介质流速

在固定的设备内，流速的变化会直接改变含二氧化碳介质的流动状态。液体的流动主要分为层流和湍流两种不同的流动形式。用雷诺数（Re）来表示流动状态，见式（2-2-14）：

$$Re=dv\rho/\mu \qquad (2-2-14)$$

式中 d——管道内径，m；

         v——液体流速，m/s；

         ρ——液体密度，kg/m^3；

         μ——液体黏度，$kg/(m \cdot s)$。

Re 和流动状态的关系为：$Re<2100$ 为层流；$Re>4000$ 为湍流。流速的增大，使 H_2CO_3 和 H^+ 等去极化剂更快地扩散到电极表面，使阴极去极化增强，消除扩散控制，同时使腐蚀产生的 Fe^{2+} 迅速离开腐蚀金属的表面，这些作用使腐蚀速率增大。在大多数流动状态下，流速对钢铁表面产生一个切向作用力。根据 K.G.Jordan 和 P.R.Rhodes 的研究结果，切向作用力可由式（2-2-15）表示：

$$\tau_w=0.0395Re^{-0.25}\rho u^2 \qquad (2-2-15)$$

式中 τ_w——管内壁的切向应力，N/m^2；

         ρ——流动介质的密度，kg/m^3；

         u——管内介质的流速，m/s^1。

切向作用力可能会阻碍金属表面保护膜的形成，或对已经形成的保护膜起到破坏作用，进而使腐蚀加剧。但介质中含有大量的二氧化碳气体时，会形成不同的流态，主要为层流、波浪状层流、团流、气流、环形流、搅拌状流、分散泡状流。当介质中的固相、气相和液相三相共存时且在流动状态条件下，就有可能对钢管表面产生冲刷腐蚀。

现场经验和实验室研究都发现腐蚀速率随着流速的增加有惊人的增大，并导致严重的局部腐蚀，尤其是当流动状态从层流转变为湍流状态时。在大量的实验数据的基础上，得出腐蚀速率随流速增大的经验公式，见式（2-2-16）。

$$v_c = Bv^n \qquad (2-2-16)$$

式中　v_c——腐蚀速率；

v——流速；

B，n——常数，在大多数情况下 n 取 0.8。

油气工业中流动的情况较复杂，从静止（环形空间、封闭）到高速湍流状态都存在。因此，研究各种流动状态下的腐蚀特性具有实际意义。

油田地面集输管线内的二氧化碳腐蚀实际工况是动态腐蚀，在流速作用下，湍流状态对二氧化碳的腐蚀影响最为明显。

3. 介质载荷

载荷将大大增加碳钢在二氧化碳溶液中的腐蚀失重，并且连续载荷比间断载荷引起更加严重的腐蚀。载荷和二氧化碳对钢的腐蚀起到协同的作用。

4. 时间

研究资料显示，如果用失重法来测量二氧化碳的腐蚀速率，在前 50h 的时间内，随时间的增加，碳钢的腐蚀速率增加。当测量时间大于 50h 后，碳钢的腐蚀速率随测量时间的增加而减小，这主要是由于保护性腐蚀产物膜的形成所致。

在 150℃时，一般来说保护性的腐蚀产物膜在 24h 内可以形成，在 36h 内膜将会缓慢增厚。

5. 介质蜡含量

输油管线中蜡的存在对二氧化碳的腐蚀可能造成两个相异方面的影响，要么加重腐蚀要么减缓腐蚀，这完全依赖于介质的其他参数，如温度、流速和管线表面蜡层的均匀性及蜡层特性等。美国一条含二氧化碳油气集输碳钢管线，由于其表面沉积了一层蜡，在缺氧处出现了严重的点蚀。

长庆油田地跨陕、甘、宁、内蒙古、晋五省（区），油区大部分地域属黄土高原，主要以黄土梁峁及沟地貌为主，地面系统外腐蚀整体较轻。但受地形地貌的影响，长庆油田部分油藏含有硫化氢气体；地层水中普遍含有较高的矿化度、SRB、TGB 等细菌，尤其是 Cl^-、HCO_3^- 和 SO_4^{2-} 可极大促进地层水对金属设施的腐蚀；油田注入水主要以白垩系宜君—洛河层水作为水源，腐蚀因素主要是溶解氧和硫酸盐还原菌。此外，多层系立体开发面临着层系间采出水不配伍、注入水与地层水不配伍、系统混层腐蚀结垢严重等实际问题。随着部分低渗透、特低渗透油藏进入中高含水期，硫化氢、二氧化碳等腐蚀因素的存在将会明显提高地面系统内腐蚀发生概率和腐蚀速率。地面系统介质中二氧化碳和硫化氢等酸性气体、溶解氧、水质矿化度及各种细菌等都是产生系统内腐蚀的主要因素。

油区地面管道数量庞大，工作区域跨度大，经过自然保护区、饮用水源保护区等各类管道数量多。随着环保要求的提高，油田地面管道的绿色安全运行尤为重要。油区地面管道建设，以减少运行成本、降低工程造价为原则，在满足强度和工艺要求的前提下，集输管道大多采用碳钢钢管，供注水管道采用碳钢和非金属管道。从近几年截取失效管道的统计数据分析来看，钢质管道内腐蚀严重部分主要发生在管体中下部（积液部位），穿孔附近多有垢层，局部腐蚀较为严重，呈现明显的局部腐蚀特征，同时个别管道存在杂散电流干扰腐蚀。

管道腐蚀穿孔泄漏，不仅严重影响油田正常生产，而且存在环保风险，易造成较大的经济损失和社会影响。因此，为了保障油田的绿色安全可持续发展，油田大力开展了管道腐蚀失效检测评价工作。本章选取两条（分别为1#管段和2#管段）典型失效管道，进行相关内容的介绍。

第三节　失效管道理化性能

一、失效管道基本信息

1#管道投产运行约两个月后，首次出现沙眼刺漏，对管道进行打卡修复后，管道恢复生产运行。但紧随其后一月内，在管道30m范围内，陆续出现了7次破漏，破漏原因均为腐蚀沙眼。由于管道频繁泄漏，现场进行了管道开挖换管，并从旧管道截取管段，进行腐蚀失效检测评价。从失效管段的腐蚀形貌图可以看出（图2-3-1），1#管段内表面有黄色锈迹、混合白色物质，无明显腐蚀坑。从外表面看有两个漏点，漏点表面光滑，外表面直径约为1cm、内壁直径为0.1cm。1#管段处理后的表面形貌如图2-3-2所示。

2#管道输送介质为含水油，现场运行约十年后出现频繁腐蚀穿孔，从现场取回的管段腐蚀形貌可以看出（图2-3-3），管段未处理时，表面被一层黄黑色的锈点所覆盖，并且锈点连成一条线。处理后的管段（图2-3-4），表面有深浅不一的锈点，且较大的锈点集中在一条线上。

二、失效管材化学成分

从管体上取样，按照GB/T 4336—2016《碳素钢和中低合金钢　多元素含量的测定　火花放电原子发射光谱法（常规法）》标准，对失效管体进行化学成分分析，结果见

表 2-3-1。可以看出，测量管体材料除含 C、Si、Mn、S、P 元素外，还加入了脱氧之外的 Cr、Ni、Al、Co 和 Cu 等合金化元素。

图 2-3-1　1# 管段未处理时的表面形貌

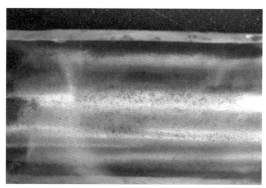

图 2-3-2　1# 管段处理后的表面形貌

图 2-3-3　2# 管段未处理时的表面形貌

图 2-3-4　2# 管段处理后的表面形貌

表 2-3-1　失效管件的化学成分

化学元素	1#	2#	化学元素	1#	2#	化学元素	1#	2#	化学元素	1#	2#	化学元素	1#	2#
C	0.196	0.184	S	0.0071	0.0035	Al	0.0354	0.0268	Ti	0.0016	0.0046	Sn	0.0012	0.0018
Si	0.214	0.297	Cr	0.0519	0.13	Co	0.0032	0.0153	V	0.0016	0.0023	As	0.0116	0.0121
Mn	0.418	0.502	Mo	0.0016	0.0054	Cu	0.0035	0.0104	W	<0.007	<0.007	Ca	0.0058	0.0041
P	0.022	0.016	Ni	0.012	0.0681	Nb	<0.004	<0.004	Pb	0.0031	0.0034	Sb	0.0069	0.0071

对照相应国标中 20 号钢化学成分（GB/T 699—2015《优质碳素结构钢》）C 为 0.17～0.24，Si 为 0.17～0.37，Mn 为 0.35～0.65，S≤0.035，P≤0.035，Cr≤0.25，Ni≤0.25，Cu≤0.25，以及 L245 钢化学成分（GB/T 9711—2017《石油天然气工业　管线输送系统用钢管》）C 为 0.26，Mn 为 0.15，S 为 0.03，P 为 0.03，可以发现两条管件试样的化学成分属于 20 号钢的成分指标。

三、失效管材金相组织

在管件穿孔处和未穿孔处分别取样，依据 GB/T 13298—2015《金属显微组织检验方法》、GB/T 6394—2017《金属平均晶粒度测定方法》和 GB/T 10561—2005《钢中非金属夹杂物含量的测定》标准，对管件穿孔处和未穿孔处的金相组织及非金属夹杂物进行分析。

图 2-3-5 为 1# 管件管体试样穿孔处和未穿孔处放大 200 倍和 400 倍的金相照片，由图可知，1# 管件管体的金相组织由铁素体与珠光体组成，其中铁素体占主要成分，未见明显的非金属夹杂物，表现为典型的 20 号低碳钢，和管材化学成分测试结果一致。图 2-1-5 中左侧为管件穿孔处照片，可以看出无论是放大 200 倍还是 400 倍，穿孔处周围的组织和基体类似，也没有明显的非金属夹杂物。右侧为未穿孔图片，放大之后，宏观未穿孔部位也无明显点蚀坑。

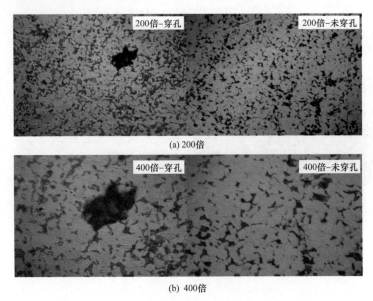

(a) 200 倍

(b) 400 倍

图 2-3-5 1# 管件腐蚀穿孔和未穿孔处的金相图像

图 2-3-6 为 2# 管件管体试样穿孔处和未穿孔处金相照片，由照片可以看出，2# 管道管材存在明显的带状组织，因此判断其加工方式，存在冷加工塑性变形。并且通过观察

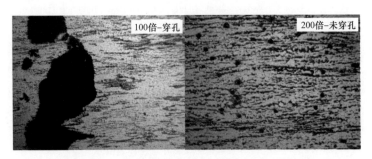

图 2-3-6 2# 管件腐蚀穿孔和未穿孔处的金相图像

放大之后照片可以看出，管件宏观未穿孔部位，同样存在蚀坑，即点蚀现象。观察穿孔大蚀坑周围组织形貌，可以得出其周围珠光体组织明显减少，多数为铁素体相。这说明 $2^{\#}$ 管道管体存在较为严重的局部腐蚀倾向。

第四节　管道失效特征

一、失效管道介质特征

两条管道输送介质均含有 Na^+、K^+、Ca^{2+}、Mg^{2+} 等阳离子和 Cl^-、SO_4^{2-}、HCO_3^- 等阴离子、pH 值均近中性，$2^{\#}$ 管道介质中的氯离子、硫酸根离子含量和矿化度均高于 $1^{\#}$ 管道，分别为 12053.00mg/L、6243.90mg/L 和 29269.17mg/L，碳酸氢根离子两者相近，溶解氧（DO）分别为 5.48mg/L 和 4.72mg/L [1]（表 2-4-1）。

表 2-4-1　管道输送介质性质

项目		$1^{\#}$ 管道		$2^{\#}$ 管道		项目	$1^{\#}$ 管道	$2^{\#}$ 管道
		mg/L	mmol/L	mg/L	mmol/L			
阳离子	Na^++K^+	2124.11	92.35	10341.20	449.62	pH 值	7.47	7.62
	Ca^{2+}	48.10	1.20	269.34	6.72	电导率 /（mS/cm）	7.21	34.70
	Mg^{2+}	29.17	1.20	163.36	6.72	总硬度 /（mmol/L）	2.40	13.44
	NH_4^+	1.50	0.08	1.47	0.08	暂时硬度 /（mmol/L）	2.40	3.25
	合计	2202.88	94.84	10775.42	463.14	永久硬度 /（mmol/L）	—	10.19
阴离子	Cl^-	1198.21	33.80	12053.00	340.00	总碱度 /（mmol/L）	2.80	3.25
	SO_4^{2-}	2776.13	28.92	6243.90	65.04	DO/（mg/L）	5.48	4.72
	HCO_3^-	341.71	5.60	396.63	6.50	矿化度 /（mg/L）	6346.58	29269.17
	合计	18693.53	411.54	18693.53	411.54			

二、腐蚀产物特征

1. 腐蚀产物形貌

采用扫描电镜对两条管道管体试样内表面进行了微观腐蚀形貌分析，结果如图 2-4-1 和图 2-4-2 所示。可以看出，$1^{\#}$ 管段内表面附着有不均匀的腐蚀产物，并且部分腐蚀产物脱落。$2^{\#}$ 管段内表面附着有较多的沉积物，该沉积物为腐蚀产物、重质油和砂质颗粒等多种固体成分的混合物，管件内表面沉积物分布不均匀，并且能观察到明显的龟裂，这种结构极易发生沉积物下腐蚀。

图 2-4-1 1# 管道腐蚀样品微观形貌

图 2-4-2 2# 管道腐蚀样品微观形貌

2. 腐蚀产物化学成分

1）腐蚀产物 EDS 结果

两条管件内表面腐蚀产物中均含有 C、O、Si、Al、Fe 等主要元素，其中 C 含量均超过 50%，主要是由于管道内表面沉积较多的油污导致的。除了表面沉积有较多的油污以及砂质中含有的 Si，两条管道腐蚀产物中主要由铁的氧化物组成，并且 2# 管道腐蚀产物中含有较高含量的 Cl（表 2-4-2）。

表 2-4-2 腐蚀产物 EDS 分析结果表

元素	1# 管道		2# 管道	
	质量 /%	原子 /%	质量 /%	原子 /%
C+K	37.64	53.94	32.82	51.75
O+K	33.01	35.52	28.19	33.38
Na+K	0.30	0.23	0.18	0.15
Mg+K	0.29	0.21	0.14	0.11
Al+K	1.22	0.78	0.49	0.34
Si+K	1.24	0.76	0.50	0.33
P+K	0.15	0.08	—	—
S+K	0.62	0.34	2.35	1.39
Cl+K	0.26	0.13	1.97	1.05
K+K	1.10	0.48	0.99	0.48
Ca+K	0.68	0.29	0.41	0.19
Ti+K	0.59	0.21	—	—
Cr+K	0.19	0.06	—	—

元素	1# 管道		2# 管道	
	质量 /%	原子 /%	质量 /%	原子 /%
Fe+K	21.91	6.75	31.20	10.58
Mn+K	—	—	0.24	0.08
Cu+K	—	—	0.52	0.16

2）腐蚀产物 XRD 结果

图 2-4-3 是 1# 管道管件腐蚀产物 XRD 图谱，通过分析得出，1# 管道管件腐蚀产物中，除了常见 Fe 的腐蚀产物，如 Fe（OH）$_2$、Fe$_2$O$_3$ 和 FeC$_{12}$·2H$_2$O 等金属相化合物外，还存在 Cl$^-$、含 P 和 S 的化合物。图 2-4-4 为 2# 管道管件腐蚀产物 XRD 图谱，图中显示一些峰值比较明显的产物，表示 XRD 的峰强和几种可能的分析产物，由于管道内部表面有油渍附着，获取金属表面的腐蚀产物杂质较多，SiO$_2$ 较为常见，但依然存在几种 Fe 的氧化物，如 Fe$_2$O$_3$ 和 FeO（OH）等。同时图中还可发现有一些有机物、Zn 和 Mg 的化合物存在。

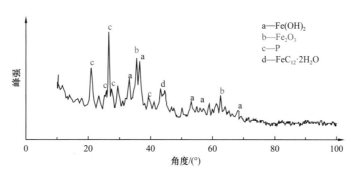

图 2-4-3 1# 管道管件腐蚀产物 XRD 图谱

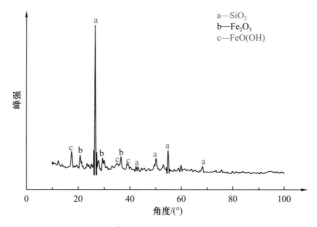

图 2-4-4 2# 管道管件腐蚀产物 XRD 图谱

3）腐蚀产物 XPS 结果

通过管件的腐蚀产物 XPS 精细谱分析得出，$1^\#$ 管道的腐蚀产物中 Fe 主要是以 +2 价和 +3 价形式存在，分别对应于 FeO（OH）和 MgFe$_{(2,3)}$O$_4$，这与 XRD 的分析结果一致。O 元素的精细谱表明腐蚀产物中含 H$_2$O、氧化物和氢氧化物。S 的精细谱表明腐蚀产物中含有少量的硫化物和硫酸根离子。其中硫化物主要来源于腐蚀产物，硫酸根主要来源于油田采出液的服役环境。

$2^\#$ 管道的腐蚀产物中 Fe 同样主要是以 +2 价和 +3 价形式存在，分别对应于 FeO（OH）和 MgFe$_{(2,3)}$O$_4$，这与 XRD 的分析结果同样一致。有少量的单质 Fe，主要来源于 20 号钢基体。O 元素的精细谱表明腐蚀产物中含 H$_2$O、氧化物和氢氧化物。S 的精细谱表明腐蚀产物中含有少量的硫化物、元素硫和硫酸根离子。其中硫化物主要来源于腐蚀产物，硫酸根主要来源于油田采出液的服役环境，元素硫可能是由于高价硫在碳钢表面的电化学还原所致。另外，还检测到少量钠离子，主要来源于油田采出液。

三、腐蚀速率测定

室内模拟管道现场运行工况，利用高温高压釜，对两条管道进行了腐蚀失重测试，测试管件为失效管段的加工试片，测试介质为现场取回的管道输送介质。分为静态和动态实验[2-3]，测试压力为 1MPa，测试温度为 40℃，测试时间为 7 天，动态实验的旋转速度为 5r/s。由测试结果得出，$1^\#$ 管件的静态挂片腐蚀速率为 0.0641mm/a、动态挂片腐蚀速率为 0.1066mm/a。$2^\#$ 管件的静态挂片腐蚀速率为 0.1312mm/a、动态挂片腐蚀速率为 0.2189mm/a，且 $2^\#$ 管件试片部分表面被腐蚀产物覆盖。

  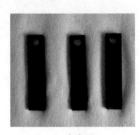 

| (a) 未清理 | (b) 清理后 | (a) 未清理 | (b) 清理后 |

图 2-4-5　$1^\#$ 管件静态实验照片　　　　图 2-4-6　$2^\#$ 管件静态实验照片

根据表 2-4-3，NACE RP0775-05 标准对腐蚀程度的规定，$1^\#$ 管道管材在其输送介质内，属于中度腐蚀，$2^\#$ 管道属于严重腐蚀。

表 2-4-3　NACE RP0775-05 标准对腐蚀程度的规定

分类	均匀腐蚀速率 /（mm/a）
轻度腐蚀	＜0.025
中度腐蚀	0.025～0.125

分类	均匀腐蚀速率/（mm/a）
严重腐蚀	0.126～0.254
极严重腐蚀	＞0.254

第五节　管道失效原因

一、管材电化学性能

1. 管材开路电位随时间的变化规律研究

开路电位是电流密度为零时的电极电位，反映所测材料在该种溶液中的腐蚀倾向大小，开路电位越负，腐蚀倾向越大。从管材开路电位测试值看，1#管道管材和2#管道管材在其输送介质中，开路电位均较负，表明两条管道的管材在其对应的输送介质中，均易发生腐蚀。随着时间的延长，开路电位正移，表明试样表面有腐蚀产物膜生成（图2-5-1）。

2. 管材在不同介质中极化曲线

以电极电位为纵坐标，电极上通过的电流为横坐标，获得的曲线称为极化曲线[4]。分为阳极极化和阴极极化。阳极极化涉及金属的电化学溶解（活化溶解）和金属钝化两类情况。金属的活性阳极溶解，就是金属原子失去电子成为金属离子，离开电极表面转入溶液的过程。

金属的阴极过程主要有析氢腐蚀和吸氧腐蚀，由于氧的平衡电位 $E_{e,O}$ 比氢的平衡电位 $E_{e,H}$ 更正，在有氧存在的溶液中，氧去极化的倾向比氢去极化更大。氧还原反应由以下步骤组成：（1）分子氧向电极表面扩散；（2）氧吸附在电极表面上；（3）最后吸附氧被还原。

氧还原反应的阴极极化曲线，分为电化学极化和浓差极化两个区域。当阴极极化电流 I_c 不太大，且在供氧充分的情况下，电极过程的速度主要取决于氧在电极上被还原的电化学反应步骤。阴极极化电流 I_c 继续增大，氧的消耗速度加快，氧的传递跟不上电极上氧的反应消耗，就产生浓差极化。当阴极极化电流趋近氧扩散极限电流时，电极上除了氧还原过程外，还可能出现新的电极过程，达到氢电极平衡电位后，氢的去极化过程就开始与氧的去极化过程同时进行。

因此，从阳极极化曲线可以看出金属的活化状态，从阴极极化曲线可以看出反应的控制步骤，从整个极化曲线可以看出腐蚀原电池反应的推动力（电位）与反应速度（电流）之间的函数关系。

图2-5-2是1#管道管材和2#管道管材分别在温度为30℃、40℃和50℃下的极化曲

线。从三种不同温度下的极化曲线阳极分支可以看出，两条管道管材在其输送介质中均发生活性溶解，无钝化过程。并且阴极电极反应均为氧的去极化反应。

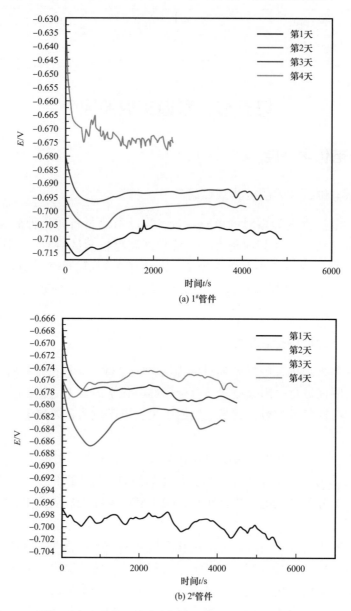

图 2-5-1　管件 4 天内的开路电位随时间的变化曲线

从 1# 管道管材的阴极极化曲线分支可以看出，电位在 -0.91～-0.72V（SCE）范围时，阴极过程的控制步骤为电化学极化；电位在 -0.96～-0.91V（SCE）范围时，阴极过程的控制步骤为氧的浓差扩散。从 2# 管道管材的阴极极化曲线分支可以看出，电位在 -0.9～-0.7V（SCE）范围时，阴极过程的控制步骤为电化学极化；电位在 -0.95～-0.9V（SCE）范围时，阴极过程的控制步骤为氧的浓差扩散。并且随温度的升高，两条管道的极化曲线均右移，这可能是由于温度的升高，加速了溶液中溶解氧的扩散，提高了腐蚀速率[5]。

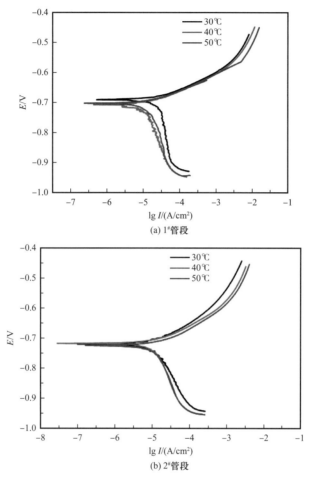

图 2-5-2　管段不同温度下极化曲线

表 2-5-1 和表 2-5-2 是使用 CView 软件 tafel 外推法拟合数据，从表中可知，随着测试温度的升高，两条管道管材在其测试溶液中的自腐蚀电流密度均逐渐增大，说明其腐蚀速率加快。但整体上腐蚀速度变化不大，1# 管道在三个温度条件下的腐蚀速率分别为 0.1076mm/a，0.1295mm/a 和 0.1386mm/a，2# 管道分别为 0.1330mm/a，0.1744mm/a 和 0.3044mm/a。

表 2-5-1　1# 管道管材在不同温度下极化曲线拟合数据

温度 /℃	B_a/mV	B_c/mV	I_0/（A/cm²）	E_0/V	腐蚀速率 /（mm/a）
30	70.803	−178.62	9.1506×10^{-6}	−0.7236	0.1076
40	65.799	−280.48	1.1006×10^{-5}	−0.7223	0.1295
50	63.066	−280.59	1.1786×10^{-5}	−0.7284	0.1386

表 2-5-2　2# 管道管材在不同温度下极化曲线拟合数据

温度 /℃	B_a/mV	B_c/mV	I_0/（A/cm²）	E_0/V	腐蚀速率 /（mm/a）
30	61.084	−304.76	1.1308×10^{-5}	−0.7212	0.1330
40	58.772	−389.73	1.4830×10^{-5}	−0.7107	0.1744
50	59.251	−646.07	2.5878×10^{-5}	−0.6917	0.3044

二、管材失效原因

通过对两条管道输送介质、腐蚀产物成分的检测分析，结合两条管道管材腐蚀失重测试和管材电化学腐蚀行为特征等方面的测试研究，对两条失效管道进行腐蚀原因分析。

1. 失效管道案例一

1# 管道管材成分属 20 号钢管材，输送介质总体矿化度较大，在其输送介质中，静态挂片腐蚀速率为 0.0641mm/a，动态挂片腐蚀速率为 0.1066mm/a。根据电化学测试结果，管材在其介质中发生活性溶解，无钝化过程。结合现场调研情况，1# 管道埋地后，在很短的时间内就出现穿孔现象，从取回的管段看，管段内壁光滑，无明显的腐蚀痕迹，但是内壁出现穿孔。将内外腐蚀产物及泥沙清理干净后发现，管外壁有两个直径约 1cm 的孔，孔表面光滑，靠近管内壁部分，孔径缩小，约为 0.2cm。

根据 1# 管道腐蚀穿孔的大小及时间，对刺漏点的腐蚀速率进行了估算，估算值约为 94.63mm/a（假设穿孔时间为 1.5 月），实验室静态挂片腐蚀速率测试值为 0.0641mm/a，现场腐蚀速率约为实验室挂片测试值的 1500 倍。由于计算采用的时间为 45d，而实际穿孔的时间可能更短，实际腐蚀速率可能远大于计算值。并且管段表面并无其他的腐蚀点，因此，综合测试和分析，推断引起 1# 管道发生快速腐蚀穿孔的主要原因为土壤环境中的杂散电流。

2. 失效管道案例二

2# 管道管材成分也属 20 号钢管材。其输送介质矿化度高、Cl⁻ 和 SO₄²⁻ 含量高，静态挂片腐蚀速率为 0.1313mm/a，动态挂片腐蚀速率为 0.2189mm/a，腐蚀性强。根据电化学测试，在其输送介质中，管材发生活性溶解，无钝化过程，阴极过程腐蚀控制步骤为氧的扩散。

从现场取回管段表面腐蚀形貌看，2# 管道试样表面有油状物体附着，腐蚀产物为直线状分布的黑色细小鼓包，将这些黑色腐蚀产物打磨掉，发现每个鼓包下面都是一个细小的腐蚀坑，鼓包越大，下面的腐蚀坑越大，说明 2# 管道存在明显的局部腐蚀行为。对这些黑色的腐蚀产物进行能谱分析，发现里面含有硫化物，硫可与氯离子协同作用加速点蚀发生。从微观照片看，腐蚀点是从微观夹杂相开始，往周边逐渐扩大。腐蚀产物主要是几种 Fe 的氧化物和氢氧化物，如 Fe（OH）₂、Fe₂O₃ 和 FeO（OH）等，也含有部分氯化物和硫化物。上述特征表明蚀坑的发展主要是由供氧差异电池引起的。

供氧差异电池产生的原因，来自集输管道与沉积物之间的缝隙结构。2#管道内表面沉积物为腐蚀产物、重质油和砂质颗粒等混合物，附着力较好。这种结构极易发生沉积物下腐蚀，即油管内部由于杂质、结蜡或者腐蚀产物等沉积在管道钢表面，当存在外部腐蚀介质的时候，容易造成缝隙结构，产生浓差电池导致局部腐蚀。2#管道输送介质的溶解氧（DO）为4.72mg/L，Cl^-浓度为12053mg/L，构成了缝隙腐蚀内外腐蚀环境差异的物质条件，也使得沉积物下缝隙结构中能形成自催化电池。

因此，2#管道点蚀的产生机理可描述为：由于输送介质成分腐蚀性较强，使管道发生典型的吸氧腐蚀反应，电化学反应式表示如下。

阳极反应：

$$Fe - 2e \longrightarrow Fe^{2+}$$

阴极反应：

$$O_2 + 2H_2O + 4e \longrightarrow 4OH^-$$

由于沉积物与管道之间的缝隙较小，因此在缝隙内外容易形成氧浓差电池，使得内外发生腐蚀电池阴阳极的演变，外部作为阴极，内部作为阳极，阴阳极区域反应会显著改变其局部的腐蚀环境，尤其是沉积物下，由于阳极反应的持续进行，造成电中性的不平衡，会诱导采出液中的Cl^-迁移进入，Cl^-迁移进入后与铁离子反应如下：

$$Fe^{2+} + 2Cl^- + 2H_2O \longrightarrow Fe(OH)_2 + 2HCl$$

这会造成沉积物下阳极溶解区的酸化，导致pH值下降；进一步加快腐蚀速度，从而导致更多的阳离子产生，电荷平衡的要求使得更多Cl^-迁移进入，如此循环往复，使得沉积物下发生显著的点蚀，如图2-5-3所示。

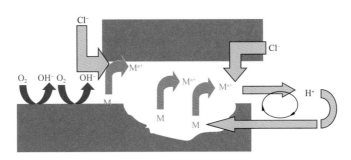

图2-5-3　沉积物下腐蚀过程示意图

参 考 文 献

［1］石油天然气地质勘探专业标准化委员会.油田水分析方法：SY/T 5523—2016［S］.北京：石油工业出版社，2016.

［2］陈国龙，陈善继，陈一宇，等.腐蚀与防护手册［M］.北京：化学工业出版社，2008.

［3］油田化学剂专业技术标准化委员会.油田采出水处理用缓蚀剂性能指标及评价方法：SY/T 5273—
    2014［S］.北京：石油工业出版社，2015.

［4］全国钢铁标准化技术委员会.不锈钢点蚀电位测量方法：GB/T 17899—1999［S］.北京：中国标准
    出版社，2000.

［5］魏宝明.金属腐蚀理论及应用［M］.北京：化学工业出版社，2004.

第三章　管道外防腐技术

油气管道的外腐蚀具有一定的表现性，是在管道外围介质发生化学或电化学反应、并在物理溶解作用下形成的腐蚀，根据腐蚀位置不同其形成原因各有差异。露空管道腐蚀是由于管道与空气介质中的水汽、硫化物、CO_2、H_2S 等物质发生化学反应造成的，埋地管道主要表现为土壤腐蚀，土壤中的组成成分较为复杂，有微生物、真菌、水和空气，这些物质相互作用后使土壤逐渐异化，氧气在传输过程中形成浓度差，基于浓度差电池特性，对管道产生腐蚀，这种腐蚀随着时间的延后还会继续加剧[1]。国内油气管道的腐蚀防护技术可以追溯到 20 世纪 50 年代，针对油气集输管道外腐蚀，目前采取外防腐涂层或防腐涂层与阴极保护联合保护技术。

管道外防腐层从 20 世纪 50—60 年代的沥青防腐层发展到 20 世纪 70—80 年代的煤焦油防腐层，再从 20 世纪 80 年代后期的环氧煤沥青到 20 世纪 90 年代的熔结环氧粉末涂层（FBE，Fusion Bonding Epoxy Powder），防腐层的涂覆施工方式从液相流体涂刷到固相粉末高温固化，经历了 40 多年的时间。20 世纪 90 年代出现的聚乙烯胶带和聚乙烯热涂覆技术，在管道防腐施工速度和质量方面都取得较大的突破，使油气管道的腐蚀防护提高到一个新的水平。进入 20 世纪 90 年代后期，双层环氧涂层（DPS，Dual Powder System）和聚乙烯三层复合结构（3LPE，3 Layer PE）因其较好的防腐性能、良好的机械性能及抗划伤能力广泛应用于油气管道防腐防护[2]。

近年来，我国防腐涂层技术得到较快的发展，也越来越多样化。防腐层作为管道防护的第一道防线，将管道与腐蚀性介质隔开，并且保护管道不受外力机械损伤，而当防腐层出现破损时，阴极保护作为第二道防线，保证管道破损处不受腐蚀影响，阴极保护主要包括外加电流阴极保护和牺牲阳极阴极保护[3]。

第一节　涂层防腐技术

一、涂层防腐原理

金属发生腐蚀必须同时具备以下三个基本过程：阴极去极化剂还原作用、金属本身作为阳极产生溶解以及回路中具有电子电流和离子电流，三个过程缺一不可，只要其中一个过程受阻，另外的两个过程也必然受到抑制，金属腐蚀也将停止。涂层对金属的防护作用就是通过阻断上述过程中的一个或几个步骤从而达到防腐效果。涂层对金属基体的防护作用主要以屏蔽、阳极作用及阴极保护为主[4]。

1. 屏蔽作用

无论是低固含量还是 100% 固含量涂料，在其使用过程中由于溶剂挥发、水渗透、电渗透等因素，在涂料成膜后总会产生许多针孔及高分子链结构的微缝隙，这些孔隙为氧气、水及腐蚀性离子的进入提供了通道，当腐蚀性介质透过涂层到达金属界面区并积累一定浓度后就会引起基体金属腐蚀。大量研究显示通过在涂料里面添加片状物质：玻璃鳞片、片状云母、不锈钢鳞片等，能增加涂层的防腐性能。这些片状物质在涂层内部平行交叠起来，间接性地消除了涂层的孔隙，片状物交错重叠大大增加了腐蚀介质进入涂层—金属界面的距离，因此大大延缓腐蚀的发生。此外，聚脲等部分防腐涂层则是通过增加厚度来实现的，一般其防腐厚度将大于 1500μm，远远超过常规涂层厚度[5]。

2. 阳极作用（缓蚀和钝化）

阳极作用是通过在涂料中添加具有缓蚀或钝化作用的颜料，颜料中的离子通过水的诱发发生物理、化学、离解等作用，产生出具有抑制腐蚀的各种化学离子的作用，目前主要用在防锈底漆中。涂料以铅系、磷酸盐系和铬系为主，这些复合物能使金属基材发生钝化，像 CrO_4^{2-} 等离子对金属基材的阳极和阴极反应都有抑制性。由于铅系、铬系复合物能离解出有毒铬、铅离子，这些离子对人体有着极大的伤害，对环境污染十分严重，因此国家已经禁止使用，目前主要以环保性能较强的锌系化合物和铁红等为主。

3. 阴极保护作用

在涂料中加入比基材活泼的金属，由电化学原理可知活泼金属的电位较被保护金属电位更负，因此当腐蚀发生时，通过牺牲阳极来保护基体金属。例如富锌涂层的防护机理主要来源于锌粉作为牺牲阳极提供的电化学保护和锌粉腐蚀后的产物屏蔽作用。有些无机涂料本身就具有阴极保护功能，如纳米二氧化钛膜、热喷涂锌、铝等金属和热喷涂 Al_2O_3、TiO_2 等氧化物[6]。

二、管道防腐材料

1. 沥青类防腐涂料

20 世纪 50—60 年代，长输管道常用的热塑性涂料一般是石油沥青或煤沥青。石油沥青类的主要成分为直链烷烃类物质，煤沥青类的主要成分为芳香环烃类物质，在加热或溶剂作用下，沥青类涂料具有一定的流动性，能够均匀涂覆在管道外壁，当溶剂挥发或冷却后，在管道外壁形成防腐层，起到隔绝腐蚀介质侵蚀、保护钢管的作用。实际防腐施工中，为了保证防腐层的抗划伤强度，在涂覆石油沥青或煤沥青的同时缠绕玻璃纤维布，以增强防腐管在埋地施工时的机械强度和环境适应性，到 20 世纪 70 年代，沥青类涂料仍然是管道常用的防腐材料[7]。

煤焦油磁漆由高温煤焦油和煤沥青加煤粉、填充物等材料混合而成，具有热塑性等特性，涂覆方式与沥青类涂料的涂覆方式类似，仍然是在涂覆施工的过程中缠绕玻璃纤维布，以增强防腐覆盖层的机械强度。从 20 世纪 80—90 年代，煤焦油磁漆管道防腐方式在国内外比较普遍。1994 年，中国石油管道研究院率先与英国 Metrotect 公司成立了廊坊美泰克防腐材料有限责任公司，开始在国内生产煤焦油磁漆供国内和出口。随后中国石油管道研究院又在新疆建立了煤焦油磁漆防腐公司，进行煤焦油磁漆的生产和防腐施工，涩宁兰管道一半以上的管道采用了煤焦油磁漆进行外防腐，取得了良好的效果。到 20 世纪 90 年代后期，由于煤焦油磁漆防腐施工过程中排放物对环境的污染，以及防腐覆盖层可能造成土壤及地下水的污染逐渐被人们认识，因而煤焦油磁漆逐步被淘汰。另外，与所有的沥青类防护材料一样，煤焦油磁漆在高温环境的流淌性和低温环境的脆裂性，也是其退出管道防腐舞台的原因之一。但客观地讲，煤焦油磁漆具有优异的防腐性能及其抗细菌腐蚀性。另外埋地管道煤焦油磁漆防腐层的防植物根茎穿裂和地下生物嚼食也是其显著优点之一。

2. 树脂类涂料

环氧树脂是 1930 年由瑞士 Pierre Castan 和美国 S O Greenlee 合成，分子中含有两个以上环氧基团的聚合物，由于分子结构含有环氧基和仲羟基活泼基团，其中环氧基可与氨基、羟基、羧基等发生开环反应，固化形成三维网状结构的聚合物；而仲羟基可与羟基、羧基、异氰酸酯、烷氧基等发生缩合反应进行环氧树脂功能改性。

环氧树脂通常在液体状态下使用，经过常温固化或加热固化后才能够达到最终的使用要求，由于固化后的环氧树脂具有优异的黏结性、附着性、稳定性、耐化学品性、绝缘性及机械强度等特性，被广泛地用于涂料、黏合剂及复合材料等各个领域，目前环氧树脂防腐涂料向着无溶剂及耐候耐蚀方向发展，水性环氧树脂防腐涂料是其发展的重点[8-10]。

1）环氧富锌防腐涂料

环氧富锌是以锌粉为主要防锈涂料，环氧树脂为基料，聚酰胺树脂为固化剂，配以适当的助剂、体质颜料、磷铁粉、混合有机溶剂等制成的防腐涂料，其中锌粉含量最高可达到 85%，填料锌粉使涂料具有集屏蔽和电化学保护双重性能。常常用作底漆，具有漆膜坚韧、耐磨、附着力好，防锈能力很强的特点；涂料锌粉含量高，具有良好的阴极保护作用，工业防腐蚀效果好，耐盐雾和耐湿热性能优异，用作强腐蚀环境中的钢结构长效防腐底漆。富锌底漆的防腐机理是基于金属锌对钢铁的阴极保护作用，在腐蚀前期过程中，由于在涂膜侵蚀时锌的电位比钢铁电位低，因此涂膜中的锌为阳极，先受到腐蚀，基材钢铁为阴极，受到保护，发生电化学反应：阳极区 $Zn \longrightarrow Zn^{2+}+2e$，0.76V，阴极区 $Fe^{2+}+2e \longrightarrow Fe$，0.44V。在腐蚀后期过程中，锌作为牺牲阳极形成的氧化产物又对涂膜起到一种屏蔽作用，仍可加强涂膜对底材的保护。另外，牺牲的锌粉形成二价锌离子与空气中的水分和二氧化碳反应生成碳酸锌等产物，形成"白锈"，能够阻挡和屏蔽腐蚀介质的腐蚀，起到一定的"自修复"作用，从而使钢铁得到保护[11]。

反应方程式如下：

$$Zn + H_2O \longrightarrow Zn(OH)_2 + H_2$$

$$Zn + H_2O + CO_2 \longrightarrow ZnCO_3 + H_2$$

$$Zn(OH)_2 \longrightarrow ZnO + H_2O$$

$$5ZnO + 2CO_2 + 3H_2O \longrightarrow 2ZnCO_3 \cdot 3Zn(OH)$$

2）环氧云铁中间漆

环氧云铁中间漆是由环氧树脂为主要成膜物质，加入云母氧化铁（MIO）颜料等制成的双组分涂料，主要用于各种防腐体系的中间层涂装，填料云铁（α-Fe_2O_3）为正六边形片状晶体，在涂层中相互交错重叠排列，减缓腐蚀介质在涂层中的渗透速度；云铁还具有消除环氧树脂固化产生的应力，减轻涂层因温度或外力产生的破坏，提高涂层的耐候性能和耐磨耗性能。图 3-1-1 为 MIO 在涂层中的作用示意图，如图所示，与球状颜料相比，云铁中间漆具有高纵横比的片状 MIO 颜料，其粒子长度与厚度之比要比其他传统的无定形颜料高，在漆膜中呈层层叠片状排列。当腐蚀介质接触涂层表面，通过由片状粒子形成的层状结构的通道渗入涂料中，传输距离大大延长。因此，片状 MIO 颜料可有效阻挡水、氧气及其他腐蚀介质的渗透，大幅延长介质的渗透路径和时间，形成"迷宫效应"，从而大幅延长涂层防腐寿命；由于 MIO 化学稳定性好、光敏性弱，因而具有较好的耐候性和抗紫外线辐射等性能。同时，片状 MIO 颜料极大地降低了漆膜内部的体积收缩率和内应力，也吸收和阻隔了漆膜内残留应力的传递，避免了由应力引起的脱落等问题。此外，它具有一定的粗糙度，有利于面漆的附着。因此，环氧云铁中间漆采用附着力和防腐性能极佳的环氧树脂，辅以抗渗透性很强的片状 MIO 颜料，所制成的漆膜坚韧、耐磨、耐冲击，并对一些化学物质及海水具有很好的耐受性能，具有良好的抗渗透性、耐磨性及耐腐蚀性等，且性价比极高，是中间涂层的首选涂料，常常与富锌底漆和聚氨酯 / 聚硅氧烷 / 氟碳面漆搭配在需要高耐久性的环境下使用，在某些场合它也可用作底漆。

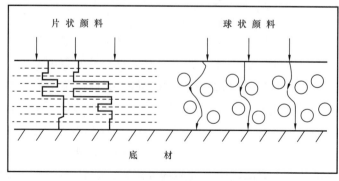

图 3-1-1　MIO 在涂层中的作用示意图

3）改性环氧防腐涂料

环氧树脂具有优异的粘接强度和腐蚀耐性，广泛应用于重防腐领域、管道的涂装以及高性能和装饰性地板。随着技术的发展，对一些结构的防腐要求提高且满足环保要求，普通溶剂型环氧树脂防腐涂料达不到要求，需要对环氧树脂改性使其既有高效的防腐性能，又有很好的环保性，环保的重要标志是环氧树脂水性化。常见的改性方法是物理改性和化学改性，典型的物理改性方法如增加漆膜厚度、两道喷涂、对金属表面进行处理、向初始涂料体系中引入第三相物质等，提高涂层的屏蔽性能；化学改性改变环氧树脂的分子结构，避免添加第三相物质引起的相容性和分散性等问题，从根本上改善涂层致密性[13]。

4）无溶剂环氧涂料

无溶剂型环氧树脂防腐涂料是有机溶剂含量趋于零的一类新型环保材料，在管道领域具有较大的应用潜力。由于涂层无溶剂残留，使得涂层的针孔显著减少，耐腐蚀性能大幅度提高，此外无溶剂型环氧树脂防腐涂料既能够减少生产施工过程中对环境和人员的损害，又可以保证施工运输过程的安全。

5）高固体分环氧涂料

高固体分环氧涂料多为双组分反应固化型防腐涂层，其制备与施工无须或很少量使用有机溶剂；涂料的固含量很高，甚至达100%，回避了有机溶剂就消除了针孔现象，提高了涂膜的抗渗性，免除了溶剂毒害。固含量高使得单道涂层的厚度增大，适用于厚涂，从而减少了涂装费用与时间。因此，采用喷涂方式使得喷涂后的干膜厚度较大，节省大量的时间和资源，并且还能够减少环境污染，高固体分环氧涂料的核心问题是设法降低成膜物质的相对分子质量、降低黏度、提高溶解性能，而通过在成膜过程中有效的交联反应保证完美的涂层质量。脂肪族环氧官能团与丙烯酸树脂交联的新型高固体分胺，酸型丙烯酸树脂体系性能非常好，干性、光泽和户外耐久性与双组分丙烯酸氨基甲酸酯相当[14]。与双组分氨基甲酸酯相比，非异氰酸酯型涂料最终涂膜性能的形成要慢得多，在室温下通常需要2周左右。后期，高固体分环氧涂料考虑使用对环境友好的溶剂代替有一定污染的溶剂，在成膜前作为溶剂使用，在成膜后，其中的活性基团与成膜材料交联，减少了溶剂的挥发量，根据涂装材料的性能要求，对成膜单体进行分子设计，以使成膜材料具有合适的相对分子质量及其分布、与溶剂的相容性和交联功能。同时，考虑使用更多的复合材料，如聚氨酯与丙烯酸材料进行互穿网络的交联等新技术，利用各种不同成膜材料的特点复合使用，可以使它们的优势互补，得到性能更好的成膜材料。

3. 粉末类涂料

1）单层环氧粉末涂覆技术

环氧粉末涂料是一种具有耐腐蚀性和坚韧性的热固性粉末涂料，由环氧树脂、颜填料、添加剂和固化剂组成。环氧粉末涂料的涂覆是将固体涂料以空气为载体进行输送和分散，将其施涂于经预热的钢铁制品表面，熔化、流平、固化形成一道均匀的涂层，20世纪 80 年代后期从国外传入国内，中国石油管道研究院在 20 世纪 90 年代初对环氧粉末技术的引进起到了推动作用。

常指的 FBE 是单层环氧粉末（Singly-layer FBE），涂覆工艺简单，由于羟基具有极性，环氧粉末覆盖层对金属的附着力强，涂膜机械性能好，具有一定的硬度和抗划伤性，在标准规定的含水率范围内耐腐蚀性能优良，被广泛应用在长输油气管道和集输管道。不过，FBE 也有自身的弱点，不太厚的防腐层对在山区和戈壁砾石环境使用不太合适；另外，环氧树脂在紫外光照射下的降解也是 FBE 防腐管道不宜长时间露天存放的短板。

2）双层环氧粉末涂覆技术

随着环氧粉末材料和涂覆技术的发展，在 2000 年前后，出现了双层环氧粉末覆盖层结构。双层环氧粉末是以普通的单层熔结环氧粉末作底涂层，以改性的熔结环氧粉末作外防护层。这种双层熔结环氧粉末防腐体系结构较大地提高了防腐层的机械性能，增强了防腐层的抗冲击能力、耐高温能力以及高温时的抗渗透性。同时保持了单层熔结环氧粉末防腐层与阴极保护的相容性能，不会产生阴极保护屏蔽。其整体防腐层的厚度在 550～1000mm 之间，最高使用温度达 115℃。DPS 防腐工艺，因其程序较多，施工速度较慢，相对成本较高，不太适合直管防腐，一般用于各种管径的弯头、异型件。

通常完成了双层环氧粉末涂覆的弯管，还需要在外缠绕一层运输保护用的聚乙烯防护胶带，起到下沟前的保护作用。目前 DPS 防腐热煨弯管大量用于国内外天然气、原油管道，从涩宁兰管道、兰成渝管道到西气东输及中亚国际管道等的热煨弯管都采用了这种防腐方式。

4. 聚乙烯防腐材料

所谓复合结构，是指通过复合工序，将不同的材料按照一定的程序涂覆在钢管表面，按照各自的功能，使其形成腐蚀防护层体系。

1）双层防腐结构

双层防腐结构钢管即 2PE 聚乙烯防腐钢管，第 1 层为胶黏剂（AD）；第 2 层为聚乙烯（PE）。两种材料融为一体，粘胶层厚度不低于 70μm，聚乙烯层不低于 2.5mm，双层聚乙烯防腐结构主要靠聚乙烯层。其缠绕施工可进行机械化作业，也可手工完成，防腐层下的空鼓及造成的阴极屏蔽是不可避免的。由于其缺乏环氧层，附着力、抗阴极剥离、防腐性能较三层复合结构差，但相对生产工艺简单、价格便宜，一般用于城市输水管道，在油气管道领域基本被 3PE 取代。

2）三层复合结构

三层复合结构是在 20 世纪 80 年代由欧洲研制成功并开始使用的新型防腐结构。它是将 FBE 良好的黏结性、高抗阴极剥离性和聚烯烃材料的高抗渗性、高防护性、良好的机械性能和抗土壤应力等性能结合起来的防腐蚀结构，已在许多工程上得到了应用。三层复合结构最外层如果采用聚乙烯，则简称 3LPE；如果最外层采用聚丙烯，则简称 3LPP。这种防腐形式于 20 世纪 90 年代引入国内，中国石油工程研究院对推动三层复合结构的应用起到了积极的作用。20 世纪 90 年代后期在国内的陕京天然气管道上首次大规模应用，效果良好。到现在，防腐工艺已经十分成熟，技术标准完善可靠，采用聚乙烯，生产成本也降至 10 美元 /m² 左右，并且基本是国内管道建设外腐蚀防护的标准配置。2000 年以后，中国石油建设的跨国油气管道如：中哈原油管道、中亚天然气管道、中缅油气管道及中俄油气管道都无一例外地采用 3LPE 防腐层技术。

在三层复合结构中，底层为熔结环氧粉末涂层，其主要作用是形成连续的涂膜，利用环氧树脂的极性与钢管表面直接黏结，具有很好的附着力和抗阴极剥离性能；同时 FBE 与中间层乙烯基共聚物胶黏剂的活性基团反应形成化学键而连接，保证整体防腐层在较高温度下具有良好的黏结性；外层为聚烯烃层（PE 或 PP），具有良好的防水性和抗机械划伤性能，在不同的工作环境中减缓或防止管道在外介质的化学、电化学作用下或由微生物的代谢活动而被侵蚀和变质的行为。

三层复合结构防腐体系也不是完美得无懈可击，其焊道造成挤压缠绕工艺中的"前坡"减薄和"后坡"空鼓是其弱点，对防腐性能有一定影响。有研究者认为，三层复合结构的底层 FBE 加厚到 400μm 才能起到防腐作用。根据设计初衷，三层复合结构是一个完整的防护体系，聚烯烃是非极性共聚物，其与金属的黏结力较差，底层 FBE 仅是利用羟基活性与金属原子间产生氢键和分子间作用力，增强防腐层的黏结作用，防腐作用还是靠整体复合结构体系。因此底层 FBE 能覆盖最高锚纹，在 200μm 左右即可，这样的结构在达到防腐要求的同时经济性最合理。

三、管道外补口材料

管道补口技术一般采用辐照交联热收缩补口技术或双组分快固化涂料涂覆技术。另外，在上述补口技术基础上的改进技术，如压敏胶型热收缩带补口技术也进入推广应用，新型黏弹性体材料技术也应用到严酷环境的补口和站场施工困难环境。

1. 埋地管道补口

1）辐照交联热收缩聚乙烯补口

辐照交联聚乙烯补口热收缩带（套）于 20 世纪 90 年代中后期开始应用于石油天然气行业长输管道焊口补口防腐，它是由辐射交联聚烯烃基材和密封热熔胶复合而成，密封热熔胶与聚乙烯基材、钢管表面的固体环氧涂层可形成良好的粘接。基层聚乙烯材料因辐照由线性分子链变成三维网状结构，产生凝胶，其特点是在转化点具有橡胶的特性，即拉伸变形可恢复性。加热到软化点时，辐照交联的聚乙烯具有类似橡胶的弹性，在外力作用下产生记忆伸缩。加热的同时，胶层熔化，浸润整个修补面，冷却后，聚乙烯层紧密收缩包覆在补口处，与原管道防腐层形成一个牢固、连续的防腐体。

辐照交联热收缩聚乙烯补口技术在小口径管道施工操作过程中手工作业是比较简单

和便于控制的；但对于大口径管道，加热收缩需要温度均匀，手工操作温度不好控制，影响补口质量。因此，大管径及平坦地段，建议采用机械化辐照交联聚乙烯热收缩材料补口工艺。不过机械化补口施工的中频或红外加热施工设备体积庞大，路况差地区补口防腐作业受到一定限制。另外，中频加热系统因其工作原理是热源由管道内壁向外传导，因而对采用中频加热工艺的热收缩材料、底漆及热熔胶的温度适用范围要求更为苛刻。此外，辐照交联热收缩聚乙烯补口材料的生产技术涉及照射源的形式和能量，这些都影响补口质量，施工过程的控制更为重要。

2）压敏胶型热收缩带补口

压敏胶复合型热收缩带是最近几年出现的防腐补口材料，是将改性聚异丁烯压敏胶复合在辐射交联聚乙烯基材上制成的热收缩带材，使用方法与热熔胶型热收缩带类似，压敏胶是一种在常温下具有初黏力，在压力下可以黏结在物体表面的胶黏剂。丁基橡胶改性压敏胶具有独特的冷流特性，在使用过程中可以达到自修复功能，从而产生较好的密封黏结性能。补口作业时，对基材进行火焰加热收缩，从而使之包覆在管道焊口补口处。压敏胶型热收缩带可以单独使用，也可根据需要和使用环境与无溶剂环氧底漆或黏弹体材料复合使用作为补口防腐层。该产品施工操作简单，对钢材表面的处理要求较低，手工除锈 St2 级即可。

2. 地面管道补口

1）双组分液体涂料补口

地面管道补口常采用双组分液体涂料补口，分机械喷涂和手工刷涂，机械喷涂类似于双组分热喷涂技术；双组分手工刷涂是按照一定比例将两个组成在容器内混合后涂覆在焊接口上，完成焊接口的防腐补口。双组分涂料有聚酯类、聚氨酯类及环氧类等，其特点就是两个组分混合，快速固化，方便、快捷，适用于现场施工；缺点是工序较多，一般由底漆、中间漆和面漆组成，而且受周围环境的影响较大，施工质量难以保证，常见的双组分液体补口涂料有聚酯及聚氨酯类和环氧及环氧玻璃钢类。

聚酯类涂料是由多元醇和多元酸缩聚而得的聚合物类涂料；聚氨酯类涂料是由异氰酸酯与二元或多元羟基化合物聚合而成的高分子化合物类料。它们的共同特点都是线性高分子聚合物，具有一定的热塑性，抗冲击力差。作为补口涂料，根据钢管原有防腐层可进行改性，使施涂的涂料固化成膜后能与钢管原防腐覆盖层紧密黏结。理论上，这种热塑性的补口材料，更适用于 3LPE 的防腐管道补口作业。

环氧类防腐层是环氧氯丙烷与双酚 A 或多元醇的缩聚产物；环氧玻璃钢类防腐层是在环氧覆盖层内添加玻璃纤维固化而成。因主要成膜物环氧树脂是环链结构，因此，环氧玻璃钢是热固型材料，具有较高的硬度和较高的抗冲击强度。理论上，对于热固性材料，更适用于 FBE 防腐管，但经改性后的环氧玻璃钢对 3LPE 防腐钢管也具有良好的适应性，可对 3LPE 防腐管进行补口作业。

2）黏弹性体材料补口

黏弹性体材料腐蚀防护是近几年出现的新型防腐形式，是与常见的热塑性或热固性防腐覆盖层体系完全不同的第三类腐蚀防护体系。该防腐材料兼顾聚乙烯弹性体的固体特性，同时也具有热塑性材料的液态特性，因此具有优异的黏结性及防水性。在施涂作业中也比较容易控制和掌握，因此被认为是一种用于严酷环境的易操作补口材料。黏弹性体防腐补口材料主要包括：黏弹体防腐膏、黏弹体防腐带和黏弹体间隙防腐密封剂。

黏弹性体防腐胶带内侧采用的改性树脂具有冷流特性，不固化，对水和空气具有很好的水密性与气密性；在遭受外力冲击时（如石块、砂砾的破坏），黏弹性体防腐蚀胶带还具有自愈合功能。另外，黏弹性体对钢管表面处理要求不高，手工除锈 St2 级即可。由于黏弹性体材料强度很低，抗冲击和划伤能力很差，不能单独使用。

一般补口作业时，用手工缠绕的方法将黏弹性体防腐胶带包覆在补口处，然后在外层缠绕 PE 或 PVC 胶带加以保护，提高抗机械强度和抗划伤的性能。目前已经摸索出基于黏弹性体材料的多种复合补口结构：黏弹体 + 热收缩带，黏弹体 + 压敏胶热收缩带，黏弹体 + 玻璃钢等。这些复合防腐体系正在逐步完善，并制订相关的设计技术标准和使用手册。

第二节　阴极保护技术

在储运石油和天然气时，埋地管道增加阴极保护，防腐效果非常明显，这项技术在中国被广泛使用。阴极保护组合涂层技术是一种具有多种方法的综合技术，阴极保护是主要的保护措施之一，并起着非常重要的作用。埋地钢质管道由于所处环境不同，例如土壤中的水含量、含氧量、含盐量或者管道自身结构差异，导致管道不同部位具有不同的电位，电位较负的为阳极，发生腐蚀，电位较正的部位为阴极，腐蚀减缓。阴极保护是利用通电技术使金属表面的阴极电位降低到阳极电位，各点电位达到一致，消除阳极而减缓腐蚀。目前实现阴极保护的方式有两种：牺牲阳极阴极保护和外加电流阴极保护[15-16]。

一、牺牲阳极阴极保护

1. 牺牲阳极的原理

在同一电解质溶液中，不同金属具有不同的电极电位，活性强的金属电位较低，活性弱的金属电位较高。牺牲阳极阴极保护法是将活性不同的两种金属连接，处于同一电解质溶液中，活性强的金属失去电子，成为阳极而被腐蚀，活性差的金属得到电子作为阴极受到保护，由于活性强的金属即被腐蚀而消耗，所以被称为牺牲阳极阴极保护法。

在管道牺牲阳极阴极保护中，将电位更负的金属（牺牲阳极）与管道连接，电子沿金属导线自阳极流向被保护管道，管道电位负向偏移，电流自阳极通过土壤流向被保护结构，当施加电流足够大时，没有电流离开管道表面流入土壤，被保护结构只吸收电流，成为阴极而得到保护，牺牲阳极阴极保护原理如图3-2-1所示。

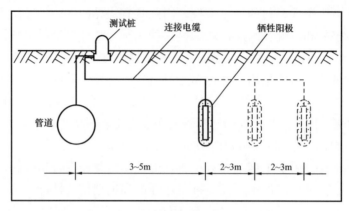

图 3-2-1　牺牲阳极阴极保护原理图

2. 牺牲阳极材料

牺牲阳极材料是一种比被保护金属电位更负的金属或合金。在电解液中，牺牲阳极因较活泼而优先溶解，释放出电流，使被保护金属产生阴极极化以实现保护。作为牺牲阳极材料，必须能满足以下要求：（1）化学稳定性好，自腐蚀率小且腐蚀均匀，有高而稳定的电流效率；（2）单位质量产生的电流量大，不易极化，溶解均匀；（3）腐蚀产物无污染，无公害，产物易脱落；（4）材料来源广，加工容易，价格低廉。常用的牺牲阳极品种有镁基、锌基和铝基合金三类。

镁牺牲阳极：纯镁的电位很负，自身腐蚀严重，通过加入铝和锌以降低镁的自腐蚀。镁基牺牲阳极有纯镁、Mg-Mn系合金和Mg-Al-Zn-Mn系合金等三类，其共同的特点是密度小、理论电容量大、电位负、极化率低，对钢铁的驱动电压很大（＞0.6V），但不足之处是它们的电流效率都不高，通常只有50%左右，比锌基合金和铝基合金牺牲阳极的电流效率要低得多。镁阳极可以应用到饮水罐内壁保护，不会对人体产生不利影响，也可适用于电阻率在 $20\sim75\Omega\cdot m$ 的土壤和淡水中金属构件的保护，一般不应用于土壤电阻率低于 $10\Omega\cdot m$ 的环境中。

锌牺牲阳极：锌阳极是最早使用的阳极，铁含量控制在 0.0014% 以下，在碳酸盐、碳酸氢盐、硝酸盐存在的环境中，表面容易钝化，电位变正，温度越高，影响越明显。在有硫酸盐和氯化物的环境下，锌阳极不会发生钝化，即使发生钝化，如果在阳极周围添加含硫酸根的石膏粉，锌阳极电位也会迅速降低到 −1.15V（CSE）。高纯锌阳极可以用于土壤电阻率小于 $20\Omega\cdot m$ 的土壤环境或者淡水中，Zn 合金阳极多用于海水环境中，驱动电压为 0.25V，温度高于 49℃时，发生晶间腐蚀，高于 54℃时锌阳极电位会变正，与钢铁的极性发生逆转，变成阴极受到保护，而钢铁变成阳极受到腐蚀，因此阳极一般适用于温度低于 49℃ 的环境中，且必须使用回填料。锌合金的阳极可作为接地电池或者结构接地极，其电流效率受输出电流密度影响不大。

铝牺牲阳极：纯 Al 不能作为牺牲阳极材料，因为其钝化膜的电位较正，通过添加合金，阻止氧化膜的形成，保持 Al 阳极的活性，Al 阳极合金包含锌、镉、铟、汞和锡等，Zn 起到初始阳极活化作用，其他合金保持 Al 阳极的长期活性。25℃时，氯离子含量 35000mg/L，铝阳极容量会下降，电位会变正，当氯离子含量低于 4200mg/L 时，铝阳极电位达到 −1.06V（CSE），铝阳极的电容量随温度的提高而增大，直至 70℃后迅速降低。由于阳极的工作需要氯离子，Al 阳极主要应用于海水环境金属结构或原油储罐内底板的阴极保护，不能用于氯离子含量低的土壤及淡水环境中。

阳极的消耗量计算：

$$W=（It\times 8766）/UZQ \tag{3-2-1}$$

式中　I——阳极电流输出，A；

t——设计寿命，a；

U——电流效率；

Z——理论电容量，2200A·h/kg；

Q——阳极使用率，取 85%；

W——阳极质量，kg。

二、外加电流阴极保护

1. 阴极保护原理

外加电流阴极保护系统是利用外部电源将交流电整流为直流电，电流从电源正极通过阳极地床进入土壤，再从土壤流向被保护结构，被保护结构吸收电流后，电流沿阴极线回到电源负极，被保护结构成为阴极而得到保护。外加电流的优点有输出电流连续可调、保护范围大、不受环境电阻限制、一次性投资高、保护装置寿命长、保护电流分布均匀，利用率高、工程越大越经济；缺点为需要外部电源、对邻近构筑物干扰大、维护管理工作量大、容易造成干扰腐蚀。外加电流阴极保护系统由整流电源、阳极地床、参比电极、连接电缆组成，系统示意如图 3-2-2 所示。

2. 保护电位

保护电位是指阴极保护时使金属腐蚀停止（或可忽略）所需的电位值，此参数是借助参比电极来测量的，参比电极不同，所测数值也不同，因此在说明保护电位时，必须指明所用的参比电极。实践中，钢铁的保护电位常取 −0.85V（Cu/CuSO₄），较理论保护电位稍正，这是因为应用时影响因素不可能一一考虑到，而此电位下的钢铁腐蚀速率已相当小，完全可以忽略。

3. 电源设备

在外加电流阴极保护系统中使用的电源需能产生直流电，电源类型有整流器、恒电位仪、太阳能电池、燃气发电机、风力发电机以及热电电池等。它的基本要求是稳定可靠，能长期连续运行，具有恒电位输出、恒电压输出、恒电流输出功能。同时还应具备同步通断功能、数据远传、远控功能。出于安全方面的考虑，恒电位仪输出电压一般不超过 50V，恒电位仪的机壳必须接地；恒电位仪的额定输出电流、额定输出电压宜控制在实际需要的 1.5～8 倍；正常工作环境温度为 −25～50℃；相对湿度为 15%～90%；大气压力为 86～106kPa；各输入输出端对机壳的绝缘电阻应不小于 10MΩ，交流电源输入端子对机壳应能承受 1500V（有效值）、50Hz 的试验电压，试验时间 1min，不出现飞弧或击穿现象，同时具备防雷保护过流保护装置和自检功能等。

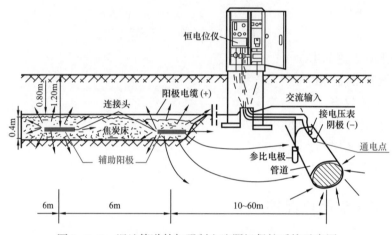

图 3-2-2　埋地管道外加强制电流阴极保护系统示意图

4. 阳极地床

辅助阳极的功能是把保护电流送入电解质，流到保护体上。辅助阳极应满足以下基本要求：（1）导电性能好；（2）排流量大；（3）耐腐蚀，消耗量小，寿命长；（4）具有一定的机械强度、耐磨、耐冲击振动；（5）容易加工、便于安装；（6）材料易得、价格便宜。辅助阳极常用的有金属氧化物、钛镀铂、柔性阳极、磁性氧化铁阳极、硅铁和石墨等，应用时要针对不同的环境，选用不同的阳极以做到经济合理。高硅铸铁阳极具有良好的导电性，最初阳极的硅含量为 14.5%，这种阳极在海水中容易发生晶间腐蚀，于是加入铬减小阳极的消耗速率，当阳极通过电流时，其表面会发生氧化，形成 SiO_2 多孔保护膜，耐酸，可阻止基体材料腐蚀，降低阳极的消耗速率，但该膜不耐碱和卤素离子，当氯离子含量大于 200mg/L，必须采用含铬高硅铸铁阳极。高硅铸铁阳极允许的电流密度为 5～80A/m^2，消耗速率小于 0.5kg/（A·a），阳极应该放在焦炭回填料中，用于增大阳极与土壤的接触，降低地床的接地电阻。

三、干扰防护

随着高速铁路、高压输电网的大规模建设，埋地管道越来越多地遭受杂散电流的干扰，成为管道安全运行的隐患。特别是对于在役管道，原有防护措施不到位，最初的防护设计可能未考虑到新建电力设施对管道的影响，杂散电流已成为影响管道安全的重要因素之一。杂散电流的干扰分为直流杂散电流干扰和交流杂散电流干扰，交流杂散电流主要源于交流电气化铁路、高压交流输电线路等。交流电气化铁路或高压交流输电强电线路与金属管道相邻、平行、交叉接近时，强电线路将对邻近的地下金属管道造成感应，将危及操作人员的人身安全和设备安全，管道感应产生的感应电流在管道排出位置，造成管道腐蚀。强电线路对管道的影响主要通过容性耦合、阻性耦合和感性耦合的方式进行。

利用接地极使管道接地是降低管道交流干扰电压，减缓交流干扰危害的有效方法。由于油气管道通常设有阴极保护系统，常规接地方法将造成阴极保护电流通过接地体流失，因此，油气管道一般采用两种接地方法：（1）直接利用锌带接地；（2）利用排流节串联接地体，如图 3-2-3 所示。前者虽然在减缓管道交流干扰的同时可为管道提供阴极保护，但会给管道运行维护期间的阴极保护断电电位测量带来不便。后者在工程实践中应用更为广泛，接地体在降低管道交流干扰电压方面具有决定性作用，排流节的作用在于阻止直流阴极保护电流流失，并且使交流干扰电流通过，实际工程中使用的排流节包括固态去耦合器和嵌位式排流器，其中固态去耦合器因其交流阻抗低、容量大等特点使用更为广泛。

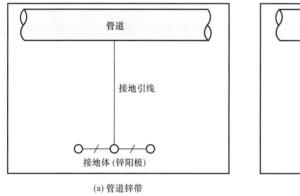
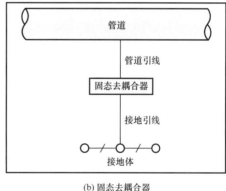

(a) 管道锌带   (b) 固态去耦合器

图 3-2-3　管道锌带和固态去耦合器接地示意图

四、应用中存在的问题

1. 外加电流阴极保护的均衡性问题

阴极保护实施时各部分所测电位值差异较大，即使总电流达到了设计值，有的位置会过保护，而有的位置欠保护。由此看来，单纯靠设计很难准确地达到对各部分保护的均衡。应用时可对所设置的所有辅助电极及参比电极均采用独立的电缆，通过分线箱最终将阳极、参比、汇流及测量电缆引入恒电位仪，这样可以对系统各部分保护的情况进行调整，以达到比较理想的保护状态。

2. 管道电位测量中的 IR 降问题

阴极保护电位是一个重要的参数，但通电测量时的电位含 IR 降误差成分，使得测到的管道保护电位值高于实际极化值，引起误判。为此，在管道设计时就要考虑尽量减小测量中的 IR 降成分。一般采取的方法是在电源上安装通（断）继电器，并要做到全线统一控制，使得全线各站的断电器同步停和通，响应误差不应大于 0.1s，这样在测量期间就可测到沿线的通电（断电）电位。

3. 外加电流阴极保护辅助阳极

对于不同大小的管道，同种辅助阳极的保护距离是不同的。一般情况下，管径大，则辅助阳极发出的电流可传得更远，反之，辅助阳极发出的电流传得就较近。在相同距离时，管径大，所需保护电流要大些，管径小，所需保护电流较小。因此，在进行阴极保护设计时，必须根据管道的大小、介质的性质、辅助阳极的发生电流量等因素，综合考虑辅助阳极在系统中的布置，这时应首先解决辅助阳极在管道中的有效保护距离问题。这一距离，可通过有关数值计算得出结论，再通过模拟试验加以验证，最终得出合适的阳极间距。

4. 外加电流保护

采用恒电位和恒电流的问题，外加电流保护有两种基本的控制方式，即恒电位控制和恒电流控制。对于结构简单的单纯管道，一般进行恒电位控制，因为这时外加电流保护系统的平衡性易于实现，辅助阳极及参比电极定位比较容易，但对于一个复杂的体系，定位就比较困难。在应用中发现，无论是采用哪种参比电极，不同位置的检测电位值相差都很大。如何确定系统恒电位的控制电极呢？这时可以根据各部分的极化情况，以极化不足位置的参比电极作为恒电位控制电极，同时结合其他参比电极的数值，对控制电位进行调整，保证系统保护的整体性。

实现这种控制的一个重要前提，是保证系统中各部分的辅助阳极布置合理，否则将出现顾此失彼的现象。另外，在实际的工程应用中，经常有各种原因导致参比电极失效的现象，因此在复杂的管路系统中采用恒电位控制并不可靠。由于恒电位控制不太可靠，所以目前工程中多采用恒电流对系统进行控制，采用恒电流控制，必须确定适当的控制电流值。应用时可根据系统的具体情况并结合国内外的应用经验，计算系统保护所需的总电流值，然后以该电流对系统进行控制。对系统实行恒电流控制，可在开始时以大电流极化，当达到保护以后，则控制较小的输出电流维持极化。

5. 杂散电流干扰影响问题

管道的排流保护依据被干扰管道阳极区有无正负极性交变而采用不同的排流方式，无交变时采用支流排流，有交变时采用极性排流，交变比较复杂时采用强制排流。对于新大线原油管道较强的直流干扰，可采取排流和阴极保护相结合的方式进行排流保护。在管道与轻轨平行管段采用排流保护，在管道两端利用阴极保护对杂散电流的抑制作用来降低管道的干扰影响，使管道得到有效的阴极保护干扰是防腐设计中常遇到的问题。

干扰影响通常以实测为准，根据 SY/T 0017—2006《埋地钢质管道直流排流保护技术标准》的要求，管道电位正向偏移 20mV 时认为有干扰，正向偏移 100mV 时就必须采取防护措施。在交流杂散电流源中，对埋地金属管道影响最大的是电气化铁路系统，其次是高压输电系统。它们已引起人们的足够重视，防护措施也较完善。直流用电装置引起的直流杂散电流常被人们忽视，由此引起杂散电流干扰腐蚀事故时有发生，应引起人们的足够重视，以防止此类事故的发生。

参 考 文 献

［1］王亚鹏．油气集输管道的腐蚀机理与防腐技术研究［J］．全面腐蚀控制，2021，35（4）：85-86.

［2］王昭，陈俊峰，许胜涛，等．埋地输气管道腐蚀与防护综述［J］．广东化工，2015，42（8）：12-13.

［3］孙勇．埋地金属管道的阴极保护应用与探讨［J］．石油和化工设备，2005（6）：32-33，40.

［4］胡志鹏．我国涂料业发展综述［J］．四川建材，2005（1）：25-28，35.

［5］吴宗汉，段志新．鳞片防腐涂料的性能及应用［J］．现代涂料与涂装，2010，13（7）：21-24.

［6］白炜琛，李瑛．电偶腐蚀对石墨烯环氧富锌涂层阴极保护作用的影响［C］．第十一届全国腐蚀与防护大会论文摘要集，2021：87-88.

［7］石振宇．环氧煤沥青涂料在埋地金属管道上的应用［J］．炼油与化工，2018，29（3）：46-47.

［8］董晓宁，赵海福，赵强，等．环氧树脂涂料的研制及应用［J］．中国包装工业，2014（2）：3-5.

［9］刘娟，沈婷，程欢．环氧树脂防腐涂层的研究进展［J］．塑料科技，2021，49（9）：96-100.

［10］何锡凤，张白生，李贵东．环氧树脂防腐涂料［J］．中国涂料，2002（2）：38-41.

［11］耿晓辉．环氧富锌底漆及涂装工艺［J］．科技风，2011（23）：139.

［12］周建龙，赵博，葛玉梅，等．环氧云铁中间漆相关标准与应用［J］．涂层与防护，2021，42（11）：17-22.

［13］祖立武，李纪东，刘嘉欣，等．环氧树脂改性国内外研究现状［J/OL］．化工新型材料：1-8［2022-12-2］.

［14］曹慧军，张昕，韩金，等．高固体分环氧海洋防腐蚀涂料的研究进展［J］．中国材料进展，2014，33（1）：20-25，31.

［15］贝克曼，施文克，普林兹．阴极保护手册—电化学保护的理论与实践［M］．3版．北京：化学工业出版社，2005.

［16］杨超，黄珊，韩庆，等．阴极保护技术的应用现状及相关问题探讨［J］．石油化工腐蚀与防护，2021，38（3）：30-32.

第四章　管道内防腐技术

低渗透油田地面集输系统管道以 DN200 以下的小口径钢质管道为主，近年来，随着开发时间的递增，油田含水率整体呈现上升趋势，从而导致地面钢质管道的内腐蚀问题愈加突出。地面集输系统钢质管道内部输送介质多为含水油和采出水等，存在着溶解氧、微量 H_2S、CO_2、高矿化度和腐蚀细菌等，内腐蚀环境复杂，同时部分老油田进入中后期开发阶段，采出液含水不断升高，多层系开发导致水型的不配伍，也造成地面管道内腐蚀加剧[1]。因此，管道内防腐技术，成为有效降低管道内腐蚀，确保钢质管道安全运行的重要手段。

管道内防腐技术归纳起来主要有以下几种：（1）添加缓蚀剂以保护膜的形成来隔离腐蚀环境与金属材料接触；（2）利用内涂层隔离管道与腐蚀介质；（3）内衬材料修复管线内表面；（4）从原材料的选择等方面提高材质防腐性能等。本章结合长庆油田地面管道内防腐技术现状，主要介绍缓蚀剂防腐工艺、小口径管道在线挤涂工艺、工厂预制内防腐工艺和管道内衬修复工艺等。

第一节　缓蚀剂防腐

一、缓蚀剂及其作用机理

缓蚀剂是一种或几种化学物质的混合物。一般认为，缓蚀剂是可用在金属表面起防腐作用的化学物质，加入微量或少量这类化学物质后，可使金属材料在含有该物质的腐蚀介质中的腐蚀速度明显降低甚至为零，同时还能保持金属材料本身的物理机械性能不发生变化。缓蚀剂根据介质的不同，化学组分、用量一般也不同，因此缓蚀剂是能够起防腐作用的化学试剂的统称，大多数情况下，缓蚀剂的用量从千万分之几到千分之几不等，有的情况下用量也达百分之几。由于腐蚀的介质是千变万化的，因此缓蚀剂也是多样的，一般可分为无机缓蚀剂、有机缓蚀剂。

早期的缓蚀剂研究和开发主要集中于无机盐，如铬酸盐、硝酸盐、亚硝酸盐、磷酸盐、钼酸盐和含砷化合物等，主要是这些物质中的 N、P、O 等极性基体容易形成氧化型和沉淀型膜，形成的氧化型和沉淀型膜阻止了介质对基体的腐蚀，但由于这些无机盐缓蚀效果有限且对环境的污染严重，后来逐渐被有机缓蚀剂所取代。

在无机缓蚀剂研究的基础上，人们研发了更容易吸附的有机缓蚀剂，一般是由电负性较大的 N、S、O 及 P 原子为中心的极性基团组成[2]，这种基团一般为非极性基团。当腐蚀溶液中添加了这类缓蚀剂后，金属表面吸附了缓蚀剂，缓蚀剂的极性基团一般是电子给予体，它与腐蚀的金属发生配位结合，形成表面吸附膜，改变了腐蚀表面双电层结构，这种膜提高了金属腐蚀过程活化能；非极性基团在表面定向排布，缓蚀剂的定向排布形成具有疏水功能的薄膜，疏水功能的薄膜屏障阻止溶液中腐蚀离子向金属界面的扩散和传递，使蚀离子难以与金属表面发生作用，从而阻止腐蚀进行。研究表明，若缓蚀剂中含有环状基团，环状基团空间位置大，使形成的膜覆盖较完全，能够提高缓蚀剂的缓蚀率。在这一成果的指导下，国内外开发新型缓蚀剂一般含环状结构，常见的如苯环、咪唑以及吡啶环等。

目前，国内外油气集输管道内防腐用的缓蚀剂的主要缓蚀成分是有机物，如链状有机胺及其衍生物、咪唑啉及其盐、季铵盐类、松香衍生物、磺酸盐、亚胺乙酸衍生物及炔醇类等。国外学者研究指出[3]：对于相同系列的有机缓蚀剂，根据其分子式中杂原子的不同，缓蚀效率一般遵循如下的变化规律，即：P＞Se＞S＞N＞O。为确保缓蚀剂的效果，筛选的缓蚀剂除与地层水和油有良好的相容性外，还应与现场使用的水合物抑制剂、除硫剂、破乳剂等有良好的配伍性。

二、缓蚀剂类型

根据缓蚀剂形成保护膜的类型，缓蚀剂可分为沉积膜型、氧化膜型和有机吸附膜型。三类缓蚀剂保护膜的示意图如图 4-1-1 所示[4]。

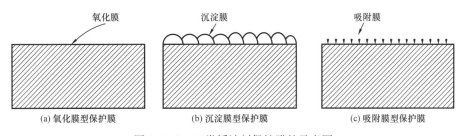

图 4-1-1　三类缓蚀剂保护膜的示意图

1. 沉淀膜型缓蚀剂

沉淀膜型缓蚀剂能与介质中的离子反应并在金属表面形成沉淀膜。沉淀膜可由缓蚀剂之间相互作用生成，也可由缓蚀剂和腐蚀介质中的金属离子作用生成。在多数情况下，沉淀膜在阴极区形成并覆盖于阴极表面，将腐蚀介质和金属隔开，抑制金属电化学腐蚀的阴极过程，对金属起到保护作用。

2. 氧化膜型缓蚀剂

氧化膜型缓蚀剂直接或间接氧化金属，在金属表面形成钝态的极薄致密的保护性氧化膜，造成金属离子化过程受阻，阻止腐蚀反应的进行。一些本身不具有氧化性的缓蚀剂，其作用机理是在金属表面发生了吸附，影响了电化学腐蚀的阳极过程，使金属的腐蚀电位进入钝化区，阻止了金属的离子化过程，从而使金属处于钝化状态或者使金属表面氧化，生成了极薄而致密的保护性氧化膜。

3. 吸附膜型缓蚀剂

一些在金属表面能强烈吸附的物质可以产生缓蚀作用，通常称之为吸附膜型缓蚀剂。吸附膜型缓蚀剂能吸附在金属表面，在整个阳极和阴极区域形成一层单分子膜，改变了金属表面性质，从而阻止或减缓相应电化学的反应。这类化合物的分子中有两种性质相反的基团：亲油基和亲水基。这些化合物的分子以亲水基吸附于金属表面上，形成一层致密的憎水膜，保护金属表面不受腐蚀。

根据缓蚀剂作用的电化学机理，有些使电化学反应的阳极受阻，有些使阴极受阻，有些使二者同时受阻，在缓蚀剂研究中将缓蚀剂分为阴极型、阳极型和混合型。

4. 阳极型缓蚀剂

一般阳极型缓蚀剂对腐蚀电池阳极的电化学作用较强，使阳极反应减慢，亦称为阳极电化学反应抑制型缓蚀剂。阳极型缓蚀剂提高了阳极极化速率，使腐蚀电极电位正移。

5. 阴极型缓蚀剂

阴极型缓蚀剂也称之为阴极抑制型缓蚀剂，主要减慢使阴极极化的速率，使腐蚀电极电位负移。阴极型缓蚀剂还会吸收水中的溶解氧，降低腐蚀反应中阴极反应物的浓度，从而减缓金属的腐蚀。

6. 混合型缓蚀剂

混合抑制型缓蚀剂不仅对腐蚀的阳极起抑制作用，同时对腐蚀反应的阴极也起抑制作用，这种缓蚀剂一般不会增加腐蚀电极电位，但会使腐蚀电流大大降低。混合抑制型缓蚀剂主要有三种：含氮类化合物，如胺类；含硫化合物，如硫醇；同时含硫、氮的有机物，代表性的缓蚀剂如硫脲。

传统上使用的缓蚀剂一般是含氮化合物（酰胺，胺，咪唑啉或季铵化合物），能在金属表面形成保护膜，防止水接触表面。然而这些缓蚀剂通常对环境有污染，它们往往是有毒的，也不容易生物降解（<60%，28d），且在高温下缓蚀率较低，因而应选用耐高温、可生物降解的缓蚀剂。

20世纪90年代以来开发的缓蚀剂主要有以下几类。

（1）苯乙烯—马来酸酐共聚物的多胺缩合物缓蚀剂。该缓蚀剂是由苯乙烯—马来酸酐的共聚物与多胺缩聚而成。苯乙烯—马来酸酐可用松香、C23-24改性松香、C8-20脂肪酸、C9-22改性脂肪酸及其化合物代替。可用的多胺有氨基乙醇胺、氨乙基呱嗪、二乙烯三胺、三乙烯四胺等[5]。

（2）苯乙烯—丙烯酸共聚物与多胺缩合物缓蚀剂。α-甲基苯乙烯与丙烯酸（或甲基丙烯酸）比例为1：99～99：1，共聚物与多胺比例为2：8～8：2。这两种组分在180～260℃下反应2～8h，制得最终产品聚酰胺基胺。

（3）胺衍生物缓蚀剂。该缓蚀剂最大优点是缓蚀效果较好，并且毒性低，适用于环保要求高的海洋和淡水水域作业。它是由脂肪胺与不饱和羧酸反应，或脂肪酸与胺形成酰胺或咪唑啉，然后与不饱和羧酸反应制成。

国内外油田缓蚀剂发展趋势大致可归结为以下三个方面。

（1）油井设备的局部腐蚀（点蚀、应力腐蚀等）十分严重，而防止局部腐蚀的缓蚀剂相对较少。若局部腐蚀得不到有效控制，造成的危害更大。研制同时有效防止局部腐蚀和全面腐蚀的缓蚀剂，是一个重要课题。

（2）油田功能化学药品用得越多，药品间的适配越难。因此，应加强研究无毒无污染的高效、多功能缓蚀剂，应多利用炼油副产品作为原料，降低成本，节约资源。

（3）随着开采技术的发展，油气井越来越深，这种超深井井底的温度和压力很高，从理论上讲有些物质已达到超临界状态。处于超临界状态物质的很多性质将发生变化，因此其腐蚀行为不同于常态，在超临界状态下，CO_2 的腐蚀行为初步研究证明了这一点。国内外关于超临界状态下油气井设备腐蚀及缓蚀剂控制的研究几乎为空白，加强研究具有重大意义[6]。

三、缓蚀剂投加工艺

1. 滴注工艺

从 20 世纪 60 年代以来，在四川各个酸性气田井口及管道上广泛采用滴注工艺[7]，其工艺框图如图 4-1-2 所示。其工作原理为：设置在井口（或管道）上高差 1m 以上的高压平衡罐内的缓蚀剂，依靠其高差产生的重力，通过注入器，滴注到井口油套管环形空间（或管道内）。滴注工艺流程简单，操作方便，特别适合用于加注气相缓蚀剂，只要滴到井下（或管道内）就行了。其缺点是高差有限，加注动力不足，很容易产生气阻及中断现象，缓蚀剂滴不下去。

图 4-1-2　滴注工艺框图

2. 喷雾泵注工艺

喷雾泵注工艺框图如图 4-1-3 所示。其工作原理为：缓蚀剂贮罐（高位罐）内的缓蚀剂灌注到高压泵内，经过高压加压送到喷雾头，缓蚀剂在喷雾头内雾化，喷射到井口油套管环形空间（或管道内），雾化后的缓蚀剂液滴比较均匀地充满了井口油套管环形空间（或管道内），这些液滴能够比较均匀地附着在钢材表面上，形成保护膜[7]。喷雾泵注工艺的技术关键是喷雾头，其雾化效果好坏决定了缓蚀剂的保护效果。

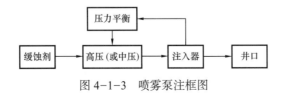

图 4-1-3　喷雾泵注框图

3. 引射注入工艺

引射注入工艺特别适用于有富余压力的井口集气管道[8]，其工艺框图如图4-1-4所示。其工作原理为：贮存在中压平衡缓蚀剂罐内的缓蚀剂，在该罐与引射器高差所产生的压力下滴入引射器喷嘴前的环形空间，缓蚀剂在喷嘴出口高速气流冲击下与来自高压气源的天然气充分搅拌、混合、雾化并送入注入器然后喷到管道内。经过引射器雾化后的缓蚀剂液滴比较均匀地悬浮在管道天然气中，能比较均匀地附着在管道内壁，形成液膜，保护钢材表面不受腐蚀。

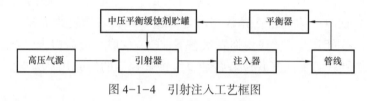

图4-1-4　引射注入工艺框图

4. 引射喷雾工艺

引射喷雾工艺是将以上两个工艺过程结合起来，对于井口集气管道，其工艺框图如图4-1-5所示。其工作原理为[7]：缓蚀剂贮罐（高位罐）内的缓蚀剂，经过高压泵加压后送到喷雾头，喷射到引射器喷嘴前的环形空间，雾化后的缓蚀剂在引射器嘴高速气流冲击下进行二次雾化，形成长时间能够悬浮在天然气中的微小液滴，均匀充满整个管道，均匀地附着在管道内壁形成液膜，有效保护钢材表面不受腐蚀。

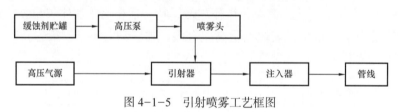

图4-1-5　引射喷雾工艺框图

第二节　小口径管道在线挤涂工艺

一、环氧玻璃纤维内防腐材料

1. 材料组成

环氧树脂是一种在分子中含有两个（或以上）活性环氧基的低分子质量化合物，分子量在300～2000之间，为热塑性的线型结构，在常温和受热后固态树脂可以软化、熔融，变成黏稠态或液态，液态树脂受热黏度降低，但是不会固化，因而也不具备良好的机械强度、电气绝缘、耐化学腐蚀等性能，无法直接使用。加入固化剂，组成配方树脂，并且在一定条件下进行固化反应，生成三维立体网状结构，形成一种不溶的聚合产物，才会显现出各种优良的性能，成为具有真正实用价值的环氧材料。

环氧玻璃纤维复合内衬以高性能的防腐树脂作为基体，高强度纤维作为增强体，通过树脂中的羟基、醚键、等极性基团与许多极性材料的表面通过耦合或离子的作用产生次价键，或通过极性基团的作用形成氢键等化学键，构成强有力的物理和化学黏附，降低了界面张力，形成稳定的粘接界面，从而兼具了良好的防腐性能和粘接性能[9]。此外，防腐体系中引入高性能纤维弥补了传统防腐体系力学性能差的缺陷，保证固化后防腐层有足够的力学强度。

采用 CP 树脂作为性能改性助剂，可根据施工需求，在很大范围内调整原料的黏度，使胶黏体系的黏度达到 2000Pa·s 以上，并保持其良好的防腐性能。同时该产品采用多元复合引发体系，控制固化时间，保证粘接表面在常温条件下自然流平，且达到良好的固化效果。

2. 性能特征

1）力学强度

纤维决定复合内衬层的力学强度，由于复合内衬层用纤维的长径比变化范围很大，可在 100 倍范围内变化，其微观形貌如图 4-2-1 所示。长径比的大小极大地影响着内衬层的黏度和流变行为。一般说来，当采用高长径比的纤维增强时，内衬层黏度增长较快，会产生假塑性和楔形流动；而当采用低长径比的纤维时，则呈现为牛顿流体和抛物线形流动。楔形流动增大了对纤维取向的影响，导致垂直于纤维取向方向的力学强度不足，从而在制品中形成缺陷。这一点在确定复合内衬层纤维长度时是至关重要的。

图 4-2-1　纤维增强材料微观形貌

2）附着性能

纤维增强复合防腐内衬具有优异的附着力，可保证内衬层在工作环境下不开裂、不脱落、不掉渣。与铁表面的剥离强度可达 17kN/m。固化后，在 200℃以下内衬层正常，不影响性能。纤维增强环氧内衬防腐结构一次涂敷厚度可达300μm以上，表面光滑，较好地解决了传统涂料由于黏度较小，难以一次达到较厚涂层厚度的问题。对于防腐要求较高的工程可进行多层涂敷，其层间黏结性能优异，且能很大程度地缩短施工周期。

采用CP树脂改性和多元复合引发体系，根据环境温度的改变，通过对CP树脂调整以适宜不同工艺的需要和环境的需要，可以很大程度地延长施工温度范围[10]（0~40℃）。

普通涂料使用大量溶剂，对体系的性能影响较大。纤维增强环氧内衬材料不含溶剂，避免了这一缺陷，且纤维增强环氧内衬材料成分中不含溶剂，无挥发成分，可保证施工的安全性。

二、内表面处理

1. 清扫管道

利用压缩空气，清扫管道内壁，清除管内杂物，清扫管道所用的时间可根据清扫情况而定。依据管道内径，选相应的高弹性耐磨橡胶球从管道一端打入另一端打出，根据通球结果，判断管道焊接质量，为下一步制订内挤工艺作基础。

2. 喷砂除锈

管道的防腐质量很大程度取决于涂层与管壁的黏结力，而这种黏结力又取决于管道内表面的除锈质量。除锈质量在管道防腐中占有相当重要的地位，必须高度重视。

喷砂除锈是利用高速砂流的冲击作用来清理和粗化基体表面，受管径和长度等因素的影响，普通喷砂枪不能直接进入长距离管道，内壁处理时难以达到防腐施工的Sa2.5级别。本工艺喷砂作业是利用高硬度石英砂在压缩空气及导向叶片的作用下从管道一端送入，另一端喷出，达到彻底清除管道内壁铁锈的目的，主要设备有足够排量的空气压缩机、贮砂罐。喷砂除锈管道长度依据管道走向而定，走向起伏不大的管道一般控制在3~5km之间，起伏较大时以不超过3km为宜，排气量的选择以末端扬砂不小于1m为最低限度，管道喷砂作业前、后示意图如图4-2-2和图4-2-3所示。

图4-2-2 在线喷砂除锈前示意图　　　　图4-2-3 在线喷砂除锈后示意图

三、内衬层施工

1. 材料准备

根据防腐工艺设计和管道内表面大小计算原料用量，将内衬原料与固化剂按比例混合充分搅拌混合，实际的用量可以根据实际的工作状况及管道的地势起伏状况及走向进行适当调整，并且气温较高时可相应减少，气温低时延长[11]。

2. 挤涂施工

挤涂施工就是把配制好的涂料夹在清管器中间，由压缩空气推动清管器在管内移动，进行挤压涂敷。其基本过程为：首先在待修复管道两端安装发射装置和接收装置，然后投放清管器，最后回收清管器和过剩涂料。采用的挤涂设备主要有料桶、注料泵、挤衬器、发球装置、收球装置、输料管及各类阀门等。

挤涂施工前需要注意两个事项：一是在安装好发射装置及接收装置后，向管内注入干燥气体，使管道内壁保持干燥；二是根据待处理的管道的管径和管道铺设地势，选择合理的挤涂速度及挤涂起始端。

双球挤衬工艺施工过程如下：先向发射装置端管道内注入一定涂料后停止，然后向其中发射第一个挤涂球，由气体驱动向管内前端移动。过一段时间，再向管内注入涂料，停料后又向管内发射第二个挤涂球。通过两次注入涂料及投放挤衬球，使涂料从管道一端挤压到另一端，剩余涂料进入回收装置。挤压成膜后的涂料在管道内壁形成一个平滑均匀的挤压衬膜。

根据涂层厚度需要选择挤衬遍数，一般挤涂1～3遍，其中第一次涂层挤压压力比第二次、第三次的压力大，以便将涂料压进管道内壁的凹坑内，挤涂压力可通过调节管道发送和接收装置的压力实现，发送端压力越大推动清管器的压力越大，第二次和第三次可以通过减少接收端压力来降低挤涂压力，使涂层加厚，在两次挤涂中间，应留足够的时间保证涂层固化，以防破坏以前挤衬好的涂层。挤涂器的运行速度控制在2～3m/s之间。现场挤涂施工如图4-2-4和图4-2-5所示。

图4-2-4 挤涂施工前示意图

图4-2-5 挤涂施工后示意图

3. 通风干燥

在每遍施工完成后，利用压缩空气鼓风机向管内通风，以利于管内涂层固化。每遍施工以上遍涂层表干为宜，待整体内挤涂完成后应间隔通风 72h，正常投用应在最后一层完成 5～7d 后，内挤涂施工管线实物图如图 4-2-6 所示。

图 4-2-6　内挤涂施工管线实物图

4. 挤涂施工参数控制

在施工时，清管器及挤衬器的运行速度是影响施工质量的一项重要参数，该工程经验数据见表 4-2-1。

表 4-2-1　各工序清管器及挤涂器速度参数

工序	工具	速度 /（m/s）
清扫	清管器	1.0
清管	清管器	0.5～2.0
化学冲洗	两个清管器间液柱	0.5～1.0
喷砂除锈	砂粒	1.0～2.0
挤衬施工	挤衬器	1.0～3.0

施工的主要动力由空压机产生的压缩空气提供。一般清扫、清管、化学冲洗等工序控制压力为 0.1～0.3MPa，超过 0.4MPa 则表示遇阻，硼砂除锈工序的压力定为 0.8MPa，各种规格管径均适用。根据现场施工经验，总结出不同管径的挤涂压力参数，见表 4-2-2，其变化范围依据管道状况决定。

四、焊口处理技术

在线挤涂环氧玻璃纤维复合内衬挤涂工艺，内补口以内衬短管节焊接（喇叭口）、记忆合金热膨胀套等为主 ❶。工厂化预制管道内补口以不锈钢堆焊等为主。聚乙烯内衬管道可采用钢包裹连接或法兰连接，按照 SY/T 4110—2019《钢质管道聚乙烯内衬技术规范》执行。内衬短管节焊接（喇叭口）工序为加套带涂层短节 —— 焊接预留有螺栓孔的大喇叭口 —— 从螺栓孔注油漆并固化 —— 上螺栓并进行外防腐（同外补口），喇叭口补口示意图如图 4-2-7 所示。

表 4-2-2 各工序清管器及挤涂器速度参数

管径 /mm	挤涂压力 /MPa	管径 /mm	挤涂压力 /MPa
$\phi48$	0.70～1.00	$\phi114$	0.40～0.70
$\phi60$	0.65～0.80	$\phi133$	0.40～0.60
$\phi76$	0.60～0.80	$\phi159$	0.30～0.60
$\phi89$	0.50～0.70	$\phi219$	0.25～0.60

图 4-2-7　喇叭口补口示意图

五、工艺特点

1. 施工管段划分

对于待施工管道大于 3km 以上的，需要在施工前将管道划段，划分管段的主要原则有两个：一是管段应同管径同壁厚，因为对于不同管径、不同壁厚的管道，有不同规格的挤衬器与之对应，以保证内涂层的质量，同时还可以防止卡阻；二是管段中应没有三通，否则会影响施工，因为三通的旁通侧在施工时必须堵死，以免漏风，而且三通旁通侧的管段还得单独施工。

2. 短节安装

每条待施工的管道均设置三段法兰短节。发送装置及接收装置采用活络法兰短节连

---

❶ 依据中国石油长庆油田公司企业标准 Q/SY CQ 06665—2020《钢质管道环氧玻璃纤维复合内衬技术标准》。

接，不仅满足了管道内防腐的完整性的要求，并且提高了工作效率，降低了施工成本。管道中后部设置一个观察短节，以便利于每道工序的检验及管道投入使用后的效果验证和评价。

法兰短节提前预制，根据不同管径制备不同规格的法兰短节。对应规格的法兰短节应采用与施工管段相同或相容的材料、相同的结构，并且其严密性试验应符合 SY/T 0422—2010《油气田集输管道施工及验收规范》的要求。

3. 球体挤衬器

挤衬器采用高弹性耐磨橡胶球，并制备了相应于各种管道内径规格的挤衬器，其尺寸略微大于管道内径，例如 $\phi48mm$ 的管道可选取 $\phi48.5mm$ 的挤衬器进行施工。

球体挤衬器的使用可以一次实现长距离内防腐施工，避免了以往内涂覆时出现的涂膜上薄下厚的问题，通过弯头能力强，不会在弯头前出现明显停滞，通过弯头后产生剧烈的加速运动而严重影响涂膜的质量。

第三节　工厂预制内防腐工艺

一、环氧粉末内防腐

1. 技术原理

首先在工厂对钢管端头堆焊不锈钢层，喷砂除锈后钢管内外壁整体喷涂环氧粉末涂层，现场采用不锈钢复合焊接，在管道内壁形成连续完整的防腐层。其防腐结构示意图如图 4-3-1 所示。

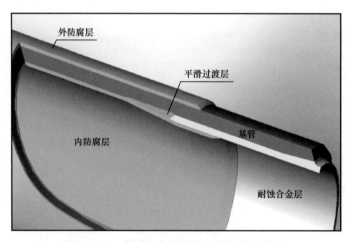

图 4-3-1　管道环氧粉末内防腐结构示意图

该防腐结构管端采用耐蚀合金堆焊填充形成一定厚度的堆焊层，承担补口处的防腐功能；管体内外的防腐由熔结环氧粉末涂层承担。现场采用耐蚀合金焊材焊接，使焊缝区域与堆焊层、内防腐层形成连续的防腐层。管道环氧粉末内防腐管端连接如图4-3-2所示。

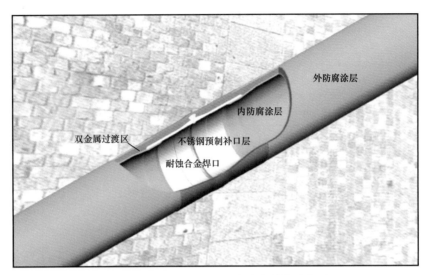

图4-3-2 管道环氧粉末内防腐结构示意图

2. 涂料及涂层性能要求

内涂层环氧粉末涂料性能指标应满足表4-3-1的要求，实验室涂敷的环氧粉末内防腐层性能应满足表4-3-2的要求。

表4-3-1 环氧粉末涂料的性能指标

实验项目		质量指标	实验方法
外观		色泽均匀，无结块	目测
固化时间/min		符合生产厂给定指标 ±20%	SY/T 0442 附录 A
胶化时间/s		符合生产厂给定指标 ±20%	GB/T 16995
热特性	$\triangle H/$（J/g）	≥45	SY/T 0442 附录 B
	$T_{g2}/℃$	≥98℃且高于运行温度40℃	
不挥发物含量/%		≥99.4	GB/T 6554
粒度分布/%		150μm 筛上粉末不大于3.0%	GB/T 21782.1
		250μm 筛上粉末不大于0.2%	
密度/（g/cm³）		1.3～1.5	GB/T 4472
磁性物含量/%		≤0.002	JB/T 6570

表 4-3-2　实验室涂敷的环氧粉末内防腐层性能指标

实验项目		质量指标	实验方法
外观		平整、色泽均匀、无气泡、无开裂及缩孔，允许有轻度橘皮状花纹	目测
热特性 ΔT_g/℃		≤5℃且符合生产厂给定指标	SY/T 0442 附录 B
阴极剥离（65℃，－1.5V，48h 或（65℃，－3.5V，24h）/mm		≤5	SY/T 0315
黏结面孔隙率 / 级		1～3	SY/T 0315
断面孔隙率 / 级		1～3	SY/T 0315
抗 3° 弯曲（－30℃）		无裂纹	SY/T 0442 附录 C
抗 8J 冲击		无漏点	SY/T 0442 附录 D
拉开法附着力 /MPa		≥20	GB/T 5210
附着力（95℃，24h）/ 级		1～2	SY/T 0315
电气强度 /（MV/m）		≥30	GB/T 1408.1
体积电阻率 /Ω·m		≥1×10^{13}	GB/T 1410
吸水率（80℃，28d）/%		≤15	GB/T 1034
耐盐雾（1000h）		防腐层无起泡、无开裂、无生锈	GB/T 1771
耐化学腐蚀		合格	GB/T 9274
耐热水浸泡（T_{min}，28d）	附着力 / 级	1～2	SY/T 0315
	拉开法附着力 /MPa	≥20	GB/T 5210
耐化学腐蚀性	10%HCl（常温 90d）3%NaCl（常温 90d）10%H₂SO₄（常温 90d）10%NaOH（常温 90d）	无起泡、无开裂、无软化、无剥离	SY/T 0315

3. 工艺流程

端头内表面预处理→端头堆焊固溶处理→内壁喷砂处理→内壁喷涂环氧粉末→外壁抛丸处理→外壁涂敷环氧粉末（或3PE）→端头外处理→质检。整体工艺流程如图 4-3-3 所示。

图 4-3-3　环氧粉末内防腐生产工艺

1）不锈钢堆焊

端头堆焊固溶施工应采用变电流堆焊工艺和专用 TIG 焊机[12]，以保证堆焊层的平整度，然后采用手工电弧焊工艺填充盖面，同时需对预补口内孔进行车削加工，以保证管道内补口组对精度，从而保证了内焊道质量。

2）内涂层喷涂

内防腐工艺生产线主要由内喷砂除锈系统、内涂敷前直线传动系统、中频加热系统、恒温室、内 FBE 涂敷系统、固化系统、内涂层漏点检测系统组成。

（1）内喷砂除锈系统。

钢砂磨料在洁净的压缩空气作用下，通过特殊的喷嘴使磨料加速至较高的速度后对钢管内表面进行撞击，从而将钢管内表面的锈蚀层等清理干净。喷砂除锈过程中，钢管在旋转工作台上以一定速度旋转，喷砂枪在喷杆推动下沿钢管的轴向往复行走，在相互运动中，实现对钢管内表面全方位的喷砂除锈作业。

（2）中频加热系统。

经喷砂处理后的钢管由拨管装置将钢管传至内涂覆前传动线上，在传动线的中间位置设立有一套中频加热装置。钢管在穿过中频线圈的同时，钢管被加热到 200～260℃，然后在传动线的末端经拨管器将被加热的钢管拨离传动线，并迅速进入涂敷前的恒温固化炉内。

（3）恒温炉。

经中频加热后的钢管，迅速被传送至该炉内，进入恒温（保温）状态，以保障钢管在进入涂敷工位时整根钢管温度均匀。该恒温炉采用红外加热方式，加热功率在 110kW 范围内可调。炉内温度采用热电偶与可控硅自动调节电压的自控恒温控制方式，操作人员可直接在仪表盘上设定温度，就可使炉温保持在所需的温度范围内。

（4）内涂敷系统。

FBE 内涂敷工序采用正压内涂敷技术，使得涂层厚度更均匀，环氧粉末上粉率更高，同时可提高生产效率，减少运营费用。

工作过程中，钢管通过传动系统从恒温室传至内喷涂线；升降移管机通过举升、移动、落下等动作将管段移至旋转台上；前后回收仓向管段移动，至合适位置停止；喷涂车前进至后回收仓；打开喷枪，喷涂车后退开始喷涂；喷枪退出钢管后停止喷涂。

（5）固化炉。

内涂敷完成后的钢管，经钢管转运装置，平移至该炉的板链组架上，然后进入炉内进行固化，板链运转速度可调，FBE 涂层在炉内的固化温度和时间可根据材料自身的性能要求进行设置。

（6）管道内涂层质量检测线。

该系统用于对内 FBE 涂层质量的检测，采用电火花检漏工艺，对管道内涂层进行逐根 100% 的表面检测。完成固化后的钢管通过板链从固化炉内输送到管架上，并冷却至

60℃以下时，进行整根钢管内部涂层质量的漏点检测。

3）外涂层喷涂

外防腐工艺生产线主要由外喷砂除锈系统、外涂敷前直线传动系统、中频加热系统、恒温室、外FBE涂敷系统、固化系统、外涂层漏点检测系统组成。

（1）外抛丸除锈生产线。

外抛丸除锈生产线通过上管装置将钢管送到传动线上进入抛丸室，钢管经抛丸后可去除外壁金属表面的锈蚀及氧化皮，钢管经过除锈达到清洁度Sa2.5，锚纹深度40～100μm。

（2）中频加热系统。

中频加热装置，功率250kW，快速均匀地将钢管体表温度加热至环氧粉末所要求的温度（一般为180～230℃），满足环氧粉末静电喷涂要求。

（3）静电喷涂系统。

外FBE喷粉系统：采用6把高压静电喷枪、小粉量进行喷涂，以保证涂层厚度的均匀性。流化床调节气粉比，使每把喷枪出粉均匀、雾化状况良好。完善的环氧粉末喷涂系统，保证涂层的均匀性的同时，提高了粉末的上粉率、回收率等。

（4）固化炉。

内涂敷完成后的钢管，经钢管转运装置，平移至该炉的板链组架上，然后进入炉内进行固化，板链运转速度可调，FBE涂层在炉内的固化温度和时间可根据材料自身的性能要求进行设置。

（5）管道内涂层质量检测线。

该系统用于对外FBE涂层质量的检测，采用电火花检漏工艺，对管道内涂层进行逐根100%的表面检测。完成固化后的钢管通过板链从固化炉内输送到管架上，并冷却至60℃以下时，进行整根钢管内部涂层质量的漏点检测。

二、高分子环氧内防腐

1. 技术原理

在管线两端堆焊耐蚀合金层，管道内壁利用自动喷涂设备喷涂由环氧树脂、增韧材料等组成的高分子复合材料，并高温固化成型，现场采用不锈钢复合焊接工艺连头后无须再进行额外内补口作业即可投用。

2. 涂料及涂层性能要求

高分子环氧涂料为无溶剂环氧涂料，其性能指标应满足表4-3-3的要求。

3. 工艺流程

高分子环氧内防腐喷涂工艺流程如图4-3-4所示，首先在管端堆焊耐蚀合金层，内壁焊缝打磨平整后分别通过内外除锈工艺对管线进行内外除锈，再分别对管线进行外防腐层涂敷及内防腐层涂敷。

表 4-3-3　无溶剂环氧涂料的性能指标

实验项目		质量指标	实验方法
容器中状态（组分 A、B）		搅拌后均匀无硬块	目测
细度（A、B 组分混合后）/μm		≤100	GB/T 1724
固体含量 /%		≥98	SY/T 0457 附录 A
干燥时间 /h		表干不大于 4h，实干不大于 24h	GB/T 1728
黏结力 /MPa		≥10	GB/T 0319 附录 B
拉开法附着力 /MPa		≥20	GB/T 5210
附着力（95℃，24h）/ 级		1～2	SY/T 0315
电气强度 /（MV/m）		≥30	GB/T 1408.1
体积电阻率 /（Ω·m）		≥1×10^{13}	GB/T 1410
耐盐雾（1000h）		防腐层无起泡、无开裂、无生锈	GB/T 1771
耐化学腐蚀		合格	GB/T 9274
耐热水浸泡（T_{min}，28d）	附着力	1～2	SY/T 0315
	拉开法附着力 /MPa	≥20	GB/T 5210
耐化学腐蚀性	3%NaCl（60℃ ±2℃，30d） 10%H_2SO_4（常温 30d） 10%NaOH（常温 30d）	无起泡、无开裂、无软化、无剥离	SY/T 0315

分别采用外抛丸自动控制线、内喷砂生产线对钢管表面进行外抛丸、内喷砂处理，外抛丸自动控制线及除锈效果如图 4-3-5 和图 4-3-6 所示。对碳钢管外表面进行环氧粉末外喷涂作业，如图 4-3-7 所示。

三、无溶剂液体环氧涂料内防腐

1. 技术原理

首先在工厂单根预制液体环氧内外防腐直管，现场焊接后根据管径大小，分别采用外设可视操控系统和智能焊缝识别技术进行焊缝定位，然后利用内补口机进行焊缝打磨除锈、喷涂等内补口施工；弯管补口采用手工涂刷。

内补口机补口技术主要采用自动补口机对管道焊接完毕后的焊口部位进行内表面处理（焊缝余高及表面粗糙度）、涂料补口涂覆、内表面宏观摄像检测（外观形貌）和内涂层质量检测（涂层厚度检测和电火花漏点检测等）。自动补口机由具有不同功能的作业小车组成，小车之间通过非固定方式连接，可在一定角度内摆动，实现整机过弯。功能全面的自动补口机能够携带动力和涂料，综合定位系统和摄像头人工控制，一次完成焊口定位、喷砂除锈、磨料回收、涂料喷涂、质量检测等一系列作业。内补口机补口相关技术要求可参照 SY/T 4078—2014《钢制管道内涂层液体涂料补口机补口工艺规范》。

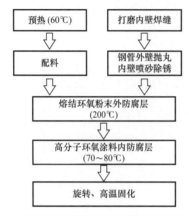

图 4-3-4　高分子环氧内涂层直管内防腐喷涂工艺流程

图 4-3-5　外抛丸自动控制线

图 4-3-6　外抛丸除锈效果

图 4-3-7　碳钢管环氧粉末外喷涂作业

2. 工艺流程

DN114 直管补口采用专门为 ϕ114mm 管道补口设计的机器人。由于 DN114 管径相对大一些，可以安装视频设备，通过外设可视操控系统控制，把机器人送到补口处，然后进行焊缝打磨除锈、喷涂等一系列操作从而完成补口。DN50 直管补口是采用专门为 DN50 管道补口设计的机器人。由于 DN50 管径较小，不能安装视频设备，机器人通过智能焊缝识别技术，精确辨识定位焊缝后，进行焊缝打磨除锈、喷涂等一系列操作从而完成补口。无溶剂液体环氧内涂层直管单根预制工艺流程如图 4-3-8 所示。

无溶剂液体环氧内涂层直管现场焊接焊缝内补口机补口主要包含焊渣去除、除锈/喷涂、测厚/检漏等施工流程，施工流程如图 4-3-9 所示。

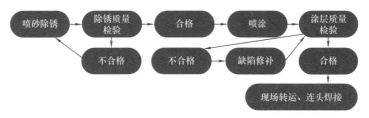

图 4-3-8　无溶剂液体环氧内涂层直管单根预制工艺流程

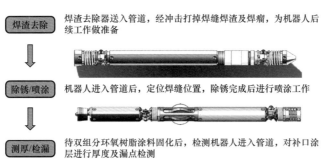

焊渣去除　焊渣去除器送入管道，经冲击打掉焊缝焊渣及焊瘤，为机器人后续工作做准备

除锈/喷涂　机器人进入管道后，定位焊缝位置，除锈完成后进行喷涂工作

测厚/检漏　待双组分环氧树脂涂料固化后，检测机器人进入管道，对补口涂层进行厚度及漏点检测

图 4-3-9　焊缝内补口机补口施工流程

　　无溶剂液体环氧内涂层补口车喷涂防腐工艺针对弯管、三通等复杂路程，采用内补口机补口的方式予以解决。弯管内喷涂内补口原理如图 4-3-10 所示。对于无法使用内补口机补口的弯管，采用手工涂刷方式进行施工；工具为可弯曲、可滚动的涂料滚子，蘸上涂料进行涂刷补口；这种工艺特点是需要与焊接安装工序密切配合，焊口焊接完成，并质检合格后随即进行内补口施工。

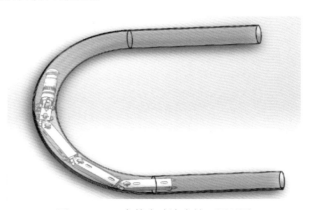

图 4-3-10　弯管内喷涂内补口原理图

参 考 文 献

［1］俄斐. 靖边油田地面集输管线腐蚀与防腐措施研究［D］. 西安：西安石油大学，2021.

［2］强玉杰. 新型含氮类有机分子缓蚀行为的电化学与分子模拟研究［D］. 重庆：重庆大学，2019.

［3］段旋，郭悠悠，徐峰，等. 含硫油气集输管道内腐蚀和防护技术研究［J］. 化学工程与装备，2015（1）：45-48.

［4］陈勇. 油田应用化学［M］. 重庆：重庆大学出版社，2017.

［5］邱海燕，李建波.酸化缓蚀剂的发展现状及展望［J］.腐蚀科学与防护技术，2005（4）：255-258.

［6］李春福.油气开发过程中的 CO_2 腐蚀机理及防护技术研究［D］.成都：西南石油大学，2005.

［7］米力田，黄和，黄汝桥.缓蚀剂加注工艺系统研究［J］.天然气与石油，1998（3）：20-30，71.

［8］蒋昌星.苏里格气田地面工艺技术研究［D］.西安：西安石油大学，2012.

［9］王荣敏.长庆含水油管道内腐蚀评价及防腐技术研究［D］.青岛：中国石油大学（华东），2016.

［10］杨明山，赵明.塑料成型加工工艺与设备［M］.北京：文化发展出版社，2010.

［11］王荣敏，罗慧娟，成杰，等.含水油管道内防腐技术研究与应用［J］.中国石油和化工，2016（S1）：181-182.

［12］林竹，韩文礼，郭继银，等.小口径管道内防腐蚀技术［J］.石油工程建设，2017，43（4）：76-80.

第五章 腐蚀监测技术

当前油田管道腐蚀泄漏已经成为国家、属地政府衡量油田企业合规管理、精细管理的重要指标，更是影响油田正常安全清洁生产的严重风险。消除和杜绝管道泄漏已成为油田的重要目标。

腐蚀监测是测量各种工艺液流状态腐蚀性、管线及设备等壁厚缺陷的一种测试工作，是认识和了解系统腐蚀状况、腐蚀因素的基础，是制订防腐蚀措施、指导防腐工作开展的依据，是监督、评价防腐蚀措施效果的重要手段。通过腐蚀监测的建设可以做到发现问题及时处理，避免安全事故的发生，确保设备、管线的安全运行。

用于油田开发生产的腐蚀监测技术分为离线检测和在线监测两大方式。离线检测指在特定的时间段获取管道、设备的裂纹或剩余壁厚等腐蚀数据，评估管道腐蚀风险。离线检测需定期、定点测试。在线监测技术可实时、连续获取管道及设备不同时期的腐蚀信息、生产参数与设备运行状态间相互联系的数据，并可依此调整生产操作参数，最终实现腐蚀控制及预警。目前常用的离线腐蚀监测技术包括试件失重法、漏磁检测、涡流法等，其中试件失重法检测过程无须清理管道内介质，且不影响正常生产，在油田站内故事检测过程中应用较为广泛；在线腐蚀监测技术包括在线超声波定点测厚、电阻探针、电感探针、氢探针、线性极化电阻探针、交流阻抗探针、电指纹腐蚀监测技术等。

油气田生产是一个庞大而系统的产业，工艺复杂，生产条件苛刻，油气田系统的腐蚀因素具有复杂性和多样性。通过建立腐蚀监测系统，可将各类腐蚀监测方法得到的数据进行及时汇总分析，从而更加精准、有效地掌握各类管线腐蚀情况，为地面系统防腐设计和管道治理提供支持[1-2]。

第一节 腐蚀监测概述

一、腐蚀监测目的

油田地面系统腐蚀监测实现了对油田重点区域、层位管道腐蚀状况的实时"诊断"，将管道纳入管道完整性智能化管理，对高风险管道及时预警，为地面系统防腐设计、强化管道管理与治理提供技术支撑。对消除和杜绝管道泄漏，保障油田公司安全生产发挥了重要作用[3]。

二、腐蚀监测选点原则

1. 选点原则

腐蚀监测选点要兼顾区域性、系统性、代表性及安全性。

区域性：以主要生产区域、主力层系为主，监测数据代表该区域的腐蚀情况，特殊层系如高矿化度、高含硫化氢等区域单独设置成套腐蚀监测系统。

系统性：腐蚀监测选点需贯穿整个油田生产系统的各个环节，将整个生产流程纳入腐蚀监测系统。油田选点系统遵循：井组—增压站—转油站—联合站—采出水处理系统。气田选点系统遵循：单井管线—支线—集气干线—回注水管线。

代表性：在生产系统中能够以点带面的点，日产液量、含水率、CO_2/H_2S、总矿化度、氯离子等腐蚀介质相对较高的单井，腐蚀破漏频繁的管道，站内采出水罐出口等。

安全性：腐蚀监测系统的设计、安装、流程改造、数据采集等不影响正常生产，不带来安全隐患。

2. 选点要求

参考选点原则，按照生产流程设置腐蚀监测点，腐蚀监测具体选点位置的水力条件与管线内介质流动性相似，在生产装置流程中介质腐蚀发生具有重现性、代表性的部位，如腐蚀可能突变的部位，在油田上主要包括：（1）油气井出口处；（2）含水管线的低洼处；（3）流态发生改变的部位；（4）采出水水罐前后；（5）由于管径、流量的变化导致介质腐蚀性的变化。同时针对"双高区"易泄漏管段、高腐蚀速率管段考虑设置腐蚀监测点。

三、腐蚀监测点设置

根据腐蚀监测点选点原则及要求，特（超）低渗透油田地面集输系统设置三套典型的腐蚀监测系统。

1. 全流程腐蚀监测

油田代表性的集输流程为油井采出液自压输送至增压站后，经增压集输至下游转油站，根据转油站的功能对原油进行脱水或不脱水处理，再集输至联合站处理合格后外输，采出水经处理后再次回注。集输流程示意图如图 5-1-1 所示。

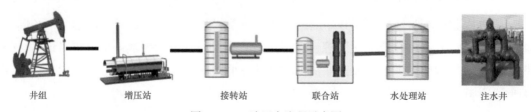

井组　　　　　　增压站　　　　　　接转站　　　　　　联合站　　　　　　水处理站　　　　　　注水井

图 5-1-1　油田全流程示意图

按照区域性原则分别选择井组 3 个，该井组可为增压站、转油站上游或直进联合站井组，一般井组腐蚀监测位置选在井组汇管投球器前；增压站及转油站外输流量计前，原油为上游原油的混合样，因此增压站及转油站腐蚀监测点选择在外输流量计前后；联合站承担原油处理及外输任务，通常腐蚀发生在含水油系统及水系统，故联合站设置两组腐蚀监测点，第一组腐蚀监测点设置在含水油系统，位置选在加热炉后端，含水油分离装置如三相分离器或沉降罐前端，第二组腐蚀监测点设置在水处理系统，通常在除油罐或净化水罐出口；根据采出水回注流程，在配水间阀组设置腐蚀监测点一套，具体见表 5-1-1。具体选点安装时也可根据现场实际情况做出相应调整。

表 5-1-1　油田全流程腐蚀监测点设置

节点名称	井组	增压站	接转站	联合站原油处理系统	联合站水处理系统	配水间
位置	井组汇管投球器前	外输流量计前后	外输流量计前后	加热炉—原油分离设备间	净化水罐出口	配水间阀组
腐蚀监测点	3 处	1 处	1 处	1 处	1 处	1 处

2. 清水系统腐蚀监测

根据油田开发政策及区域配伍性，部分特（超）低渗透油藏注入介质为清水。其注水主要流程为水源井取水输送至注水站，经注水站纤维球过滤器及烧结管过滤器处理达标后增压回注。因清水中可能存在细菌、溶解氧等超标造成腐蚀，因此清水系统也设置腐蚀监测。

清水系统腐蚀监测点通常设置三处，一是注水站原水系统，监测位置为注水站原水罐前端，该点的腐蚀监测主要反应水源井来水的腐蚀情况；二是注水站净化水系统，监测位置为清水罐出口，主要反应处理后回注水的腐蚀情况；三是配水间，监测位置为配水间阀组处，主要反应回注至地层时清水的腐蚀性，具体见表 5-1-2。

表 5-1-2　清水系统腐蚀监测点设置

节点名称	注水站原水系统	注水站净化水系统	配水间
位置	原水罐进口	清水罐出口	配水间阀组
腐蚀监测点	1 处	1 处	1 处

3. 净化油管道腐蚀监测

净化油原则上无腐蚀性，但因净化油并不是 100% 不含水（通常含水率小于 0.5% 的原油称为净化油），且净化油管道为 I 类管道，腐蚀失效影响严重，因此针对原油流速较慢可能导致水沉积的管线、高差较大所处地形复杂的管道可在其易腐蚀处设置腐蚀监测点，具体见表 5-1-3。

表 5-1-3　净化油管道腐蚀监测点设置

管线名称	风险点位置	腐蚀监测点设置
净化油管线	低洼处，腐蚀穿孔风险点	视现场情况而定

第二节　腐蚀监测方法

一、试件失重法

1. 监测原理

试验金属材料在一定的条件下经过介质腐蚀一定的时间后，比较腐蚀前后该材料的质量变化，从而确定腐蚀速率的一种方法[4]。

根据监测对象选择合适的挂片，首先将试件称重，记录原始数据，然后将试件挂入所需监测的介质内，通过一定时间后取出，清洗腐蚀产物后称重，根据时间周期、试件表面积、试件材质密度、失重量计算其腐蚀速率，见式（5-2-1）。

$$v = \frac{365000\Delta g}{\gamma t S} \tag{5-2-1}$$

式中　Δg——试样的失重，g；

γ——材料的密度，g/cm³；

t——实验时间，d；

S——试样面积，mm²；

v——均匀腐蚀速率，mm/a。

不同材料密度见表 5-2-1。

表 5-2-1　不同材料的密度

材料	密度 / (g/cm³)
碳钢	7.86
低合金钢	7.85
9Cr-1Mo	7.67
13Cr	7.70

监测挂片均匀腐蚀程度评价参照 NACE SP 0775—2013 标准执行（表 5-2-2）；缓蚀剂现场工况应用效果评价依据 GB 50428—2015《油田采出水处理设计规范》执行，即均匀腐蚀速率小于 0.076mm/a。

表 5-2-2 NACE SP 0775—2013 标准对均匀腐蚀程度的规定

分类	均匀腐蚀速率 / (mm/a)
轻度腐蚀	<0.0250
中度腐蚀	$0.0250\sim0.1225$
严重腐蚀	$0.1225\sim0.2500$
极严重腐蚀	>0.2500

2. 试件处置

1）试件选材

腐蚀监测试件的材质必须与管道本体材质一致，每组监测试件使用 2 个平行试样。为了便于加工和制备监测挂片，精确地测定试件的表面积，易于除去腐蚀产物，要求试件的形状尽量简单。

2）试件处理

安装前处理：石油管材经过制造和使用后，表面存在增碳或脱碳情况、结垢和其他污染，表面状态相差很大。要在实验室制备出与现场管材表面一样的监测挂片是很难做到的，为了使监测结果获得较好的一致性，要制备出均一的表面，消除金属表面原始状态的差异。对监测挂片作标记的原则是尽量减少标记对腐蚀的影响，例如标记应打在挂片的非工作部位、全浸挂片的较低部位、部分浸蚀挂片的非浸泡部位等，同时必须保证标记不被腐蚀掉。

腐蚀后处置：监测试件取出后，观察试样表面是否受到机械损伤以及表面腐蚀产物的形貌，并做好记录。之后对试样进行记录及宏观检查。检查完成后将试样用碳氢化合物溶液（如甲苯、丙酮）清洗除油，之后用酒精脱水，冷风吹干，以上操作在通风橱中进行。腐蚀产物的清除原则是应除去试样上所有的腐蚀产物，一般采取化学清洗法，但应确保去掉的挂片基体金属量不超过 0.2mg。处理后试样经热风吹干后，用电子天平（精度 0.1mg）称重，误差在 ±0.1mg 范围内，然后计算其失重腐蚀速率。

3. 技术特点

试件失重法腐蚀监测与其他腐蚀监测方法相比，具有以下优点：（1）监测简单、直接；（2）测试后可直接观察试件腐蚀形态；（3）适用于所有形式的腐蚀；（4）允许不同合金和缓蚀剂之间的比较；（5）测试价格低；（6）可用于测量其他形式的腐蚀，如裂缝腐蚀、点蚀、电流腐蚀、应力腐蚀开裂等。

但试件失重法监测时间长，且只能测试暴露时间内的平均腐蚀速度，同时只能在挂片取出后才能计算腐蚀速度，短期测试可能得到不具代表性的腐蚀速度，尤其是具有表面保护膜的合金，例如不锈钢等。

二、在线超声波腐蚀监测

超声波技术可以作为检测手段，也可以用作监测手段，具有能够直接测厚，数据直观、可信度高、测量准确、使用方便、超声波方向性好等特点。因此，超声波检测（监测）技术在石化行业腐蚀监测（检测）中普遍使用。该方法主要可分为三种，脉冲反射法、穿透法和共振法。在管道腐蚀监测中，主要利用超声波脉冲反射法来进行管道腐蚀后剩余厚度的测量。

超声波脉冲反射法测厚检测（监测）无需对管道进行改造，且对管道输送介质没有要求，适用范围较广，测量结果直接，但传统的超声波检测具有每次壁厚测量需校准、测量时需打磨管道或设备表面，人工测量工作强度大等缺点。针对以上存在的问题，目前发展起来的在线超声波测厚技术在超声波测厚技术的基础上，具有无须校准、自动测量、多通道测量、数据自动传输等优点[5-6]。

1. 检测原理

超声波是指频率大于 20kHz 的声波。超声波测厚基本原理是通过超声探头将超声波打入管道或设备内部，使超声波在待测物体表面和底面发生折射或散射等过程，所产生的超声回波信号进入超声波接收器，从而测得待测物体的厚度以此判断被检测对象的腐蚀情况。

当测量装置发出的超声波沿被测管道垂直传播到管道内壁，到达内壁后超声波脉冲被反射回来，被测量装置感应到并接收，通过精确测量超声波的传播时间来计算得出管道壁厚。计算公式见式（5-2-2）：

$$T=vt/2 \qquad\qquad (5\text{-}2\text{-}2)$$

式中 v——超声波传播速度，mm/μs；

  t——一次回波飞行时间，μs；

  T——管道厚度，mm。

由于外防腐涂层厚度较薄，一般情况下涂层的影响不作专门考虑。

2. 数据在线获取与分析

目前的在线超声波腐蚀检测系统，包含无线多通道超声测厚装置及其数据传输与处理系统，融合了多通道超声测厚技术、无线传感器网络技术，实现了场站管道关键设备关键部位的 360° 全覆盖壁厚自动监测，具体测量装置及其监测系统架构如图 5-2-1 所示。

无线多通道超测厚装置采用模块化设计，每个监测装置上带有 n（$n=1$，2，…）个壁厚测量传感器，重点位置可使用 4 个壁厚测量传感器构成一组测量单元，沿着管道圆周方向安装传感器，形成管道关键位置的全方位监测。无线多通道超声测厚监测装置通过多通道选择和轮询模块，来控制每个测点每个通道的壁厚测量，可以对每个壁厚传感器轮询顺序和测量间隔进行调节。具体的指标如下：壁厚测量范围 3～100mm；壁厚测量重复性可达 0.1mm；壁厚测量精度 0.01mm；温度范围为 −30～70℃；采样周期可根据用户需求设置；通信协议为 IEEE 802.15.4 或者 GPRS；自动校准、内置标识芯片、内置温度传感器。

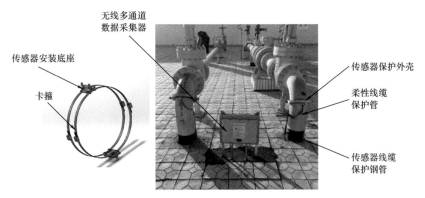

图 5-2-1　超声波检测终端

以长庆油田某天然气集输系统为例，在天然气处理厂和集气站内各选择一个测点的壁厚测量数据，管道直径均在 400mm 左右，系统在每个测点采用四个通道同时测量壁厚，可以通过多点平均来衡量数据的可靠性和准确性。测点沿着管道圆周方向部署，通常情况下每隔 90°安装一个测点，对管道的上下左右同时进行壁厚监测，同时也可根据现场腐蚀情况，调整测点位置。壁厚的测量过程中按设定周期采集壁厚数据，超声波传感器与多通道的无线数据采集器连接，超声波传感器在无线多通道壁厚测量装置的控制下串行测量壁厚，然后将壁厚数据通过 GPRS 网络将数据发送到汇聚中心，通过与汇聚中心相连的远程监控中心向外发布数据，如图 5-2-2 所示[7]。

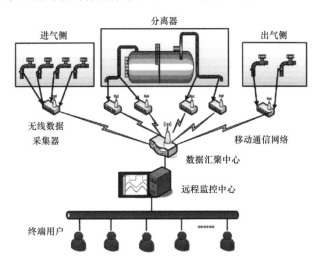

图 5-2-2　监测系统架构

在线超声波测厚可根据现场实际情况设置监测周期，并根据监测周期计算腐蚀速率，腐蚀速率计算见式（5-2-3）。

$$腐蚀速率(mm/a) = \frac{\sum_{i=1}^{m}相邻两次测得的常温厚度差(mm)}{\sum_{i=1}^{m}对应两次测厚度的时间间隔(a)} \quad (5-2-3)$$

由于现场壁厚检测采样周期根据现场需求有所变化，在前期监测装置安装初期采样频率由每天一次变化为每个星期两次，后期稳定后，采样周期变为每个星期一次。

用所测得的剩余壁厚减去按照 GB 150.3—2011《压力容器 第3部分：设计》和 SH/T 3059—2012《石油化工管道设计器材选用规范》所确定的最小壁厚，所得差值除以平均腐蚀速率，即为设备及管道的剩余寿命，标准中提供了设备、管道壁厚的计算方式，见式（5-2-4）：

$$S_0 = \frac{pD_0}{2[\delta]^t \varphi + 2pY} \quad (5-2-4)$$

式中　S_0——管道的计算壁厚，mm；

p——设计压力，MPa；

D_0——管道外径，mm；

$[\delta]^t$——设计温度下管道材料的许用应力，MPa；

φ——焊缝系数，无缝钢管取1；

Y——温度对计算管道壁厚公式的修正系数。

3. 技术特点

在线超声波测厚技术作为一种非侵入式检测技术，具有安全性好、检测可信度高、无腐蚀损耗等优点，相比离线人工定期腐蚀监测方法，可以大大减少工作强度和操作难度，同时提高测量频率和测量精度，满足了油田集输系统大范围腐蚀监测的需求，但该技术检测结果仅可作为平均腐蚀速率，同时超声波探头测量的面积较小，一般为 $1 \sim 2cm^2$，如需大范围测量则需多个探头，导致成本增加[8]。

三、电阻探针法

1. 监测原理

电阻探针的基本组成为一个金属敏感元件，当元件沉浸于所监测环境中时，其电阻值可以测量，如图 5-2-3 所示，伴随腐蚀的进行，金属发生腐蚀损耗，敏感元件的厚度发生变化，从而导致金属电阻电压发生变化。通过测量腐蚀过程中金属电压的变化，从而求出金属的腐蚀量和腐蚀速度[9-10]。

根据电学定律，导体的电阻与其长度 L 成正比，与横截面积 S 成反比，对于长度为 L，横截面积为 S，电阻率为 ρ 的导体，其电阻见式（5-2-5）：

$$R = \rho L/S \quad (5-2-5)$$

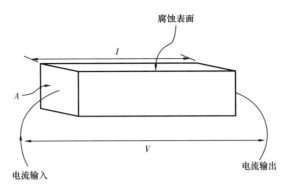

图 5-2-3　发射—回波模式测厚原理

对于确定长度的导体，如果初始截面积和电阻为 S_0 和 R_0，在经过 t 时刻的腐蚀后其截面积和电阻分别为 S_t 和 R_t 则有：

$$\frac{R_0}{R_t} = \frac{S_0}{S_t} \tag{5-2-6}$$

根据欧姆定律 $R=U/I, S=ab$（b 为敏感元件厚度，a 为敏感元件宽度）代入可得出结论，所测电压的变化与敏感元件厚度的关系为：

$$\frac{b_0}{b_t} = \frac{U_t}{U_0} \tag{5-2-7}$$

即电压的变化与敏感元件厚度变化成反比例关系。

电阻探针测量装置采用高精度的微电阻测量方法，以提高测量电阻的准确度。程控恒流源、程控前置放大器、稳压器、A/D 转换器构成了测量电路的主体。中央控制单元 MCU 通过恒流源给外部探针施加一个恒定的、高精度的电流 I。然后，同时测量两个电阻两端的分压并计算其比值，依据比值随时间的变化，可计算出任意时刻的剩余厚度，以及随时间变化的减薄量和腐蚀速率变化。

2. 传感元件

传感元件供多种几何构造、厚度和合金材料，如图 5-2-4 所示。

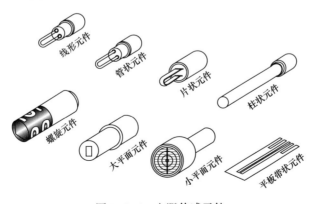

图 5-2-4　电阻传感元件

线形元件是可利用的最普遍元件，这种类型的元件有高的灵敏度并且不会加大系统的噪声，是很多监测装置很好的选择，一般是通过玻璃密封焊接在探针的端盖里。玻璃密封在大多数环境中是惰性的，并且耐压和抗高温，适用范围很广。碳钢、AISI304 和316 不锈钢通常用玻璃密封。当玻璃可能对腐蚀问题敏感时，可以使用特氟龙密封元件。线形元件的探针通常带有一个导流片（或者流速罩）来防止管道系统中漂流碎片的损坏。

管状元件通常推荐使用于较低的腐蚀速度环境且需要较高灵敏度的地方。电子管元件通过空心管中的一个小孔洞进入顶部回路，通常使用碳钢。管状元件通过特氟龙密封到探针里，使用管状元件的探针可以配备导流设备来减小高速流体可能引起的变形。

片状元件和线形元件、管状元件是十分类似的。片状元件是一个条状几何体形成的扁平元件。片状元件可通过玻璃或者环氧基树脂、根据需要密封到探针端帽处。片状元件灵敏度很高且易碎，所以仅能运用于低流速环境。

圆柱元件通过在管状元件内焊接一个参考管制作加工的，该元件是全焊接结构并且最后焊接到探针本体上。因为是全焊接结构，外来合金元件生产会相对容易些。这种探针很适用于恶劣环境，包括高流速和高温系统。

螺旋元件由一个金属薄板构成，附着在惰性基底上。该元件特别粗糙，特别适用于高流速环境。较高的电阻会产生高的信噪比，使元件很敏感。

平面元件可以和容器壁齐平。该元件在模拟容器壁内表面腐蚀环境十分有效。该元件能抵抗高速冲刷，所以可以运用于需要进行清管作业的管道系统。

平板带状元件是薄的长方形元件，带有相对较大的表面。这样更适用于不均匀的腐蚀环境。通常使用在埋地探针中，以便监测埋地结构外表面的阴极保护电流。

3. 技术特点

电阻探针监测技术是一种可以监测任何金属设备或结构整体范围金属损失和腐蚀速度的在线监测方法。但存在以下缺点：（1）获取数据时间较长；（2）当探针发生沉积时，会得到错误信息；（3）在硫化物系统中测量结果受到较大影响；（4）探针的灵敏度高，寿命短[11]。

四、其他腐蚀监测技术

其他腐蚀监测方法包括电感探针、场指纹法（FSM）等。

1. 电感探针法

电感探针法，又称为磁阻探针法，起源于 20 世纪 90 年代。不同于挂片法和电阻探针法，把腐蚀量转换为重量和电阻值的变化，电感探针法把腐蚀量的变化转化为电感值的变化，进而测得金属损耗。

电感探针法主要是根据电磁感应线圈原理制成的，主要是对探头的线圈的感应值进行测量，如图 5-2-5 所示。

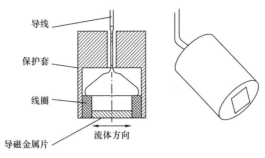

导线

保护套

线圈

导磁金属片

流体方向

图 5-2-5　电感线圈示意图

在线圈两端施加一恒定的交变电流，由于线圈和金属薄片的特定位置关系，此时线圈周围就会产生电磁场，当金属薄片的厚度发生变化时，磁场强度同时将发生变化，从而导致线圈的电感发生变化，因此，当金属薄片腐蚀变薄时，通过检测线圈电感的变化量，就可以推导金属薄片的腐蚀量，从而计算出腐蚀速度。

电感探针法由于电感量测量灵敏度高、腐蚀面部分和流体方向一致，具有对管道腐蚀的测量精度高的特点。该方法局限性在于由于探头使用寿命短，影响电感量的因素较多，该方法不适宜用于长期监测管道的均匀腐蚀和局部腐蚀，同时线圈所产生的交变电场强度会受到温度波动的影响，导致测量精度下降。

2. 场指纹法（FSM）

FSM 是一种基于电位阵列的金属管道在线腐蚀监测方法，该方法是一种基于欧姆定律的无损检测技术，通过将电极矩阵布置到被测管道外，由于腐蚀过程相当于电阻变化过程，通过管道厚度变化与电阻变化的关系，即可检测出管道内的腐蚀量[12]。

FSM 需在测量区域内布置测量电极矩阵网络，每一对电极对应的是一测量区域，如图 5-2-6 所示。测量系统中参考板与油气管道材料相同，并将两者串联。当注入恒定电流时，各测量电极对根据自身测量区域的情况，将测得不同的极间电压。参考板的作用主要是为了消除温度变化，激励电流不稳定以及噪声对测量区域内的极间电压的影响。工作时参考板上电极对间的电压作为参考电压。测量探针安装完毕后，需要在外面浇封一层绝缘层，可以将管道埋地，进行在线无开挖监测，现场安装图如图 5-2-7 所示。

FSM 由挪威学者 H.Hangestad 在 1983 年首次提出，当时主要是用于海底结构、管道等腐蚀缺陷监测。经过多年发展与改进，FSM 在管道检测中发挥着越来越重要的作用。在国内得到了较多的应用。该方法主要优点如下。

（1）可以实现对均匀腐蚀、坑蚀、冲蚀等多种缺陷进行监测。

（2）检测精度高，特别是均匀腐蚀。例如均匀腐蚀可达 0.05%WT、冲蚀可达 5%WT，坑蚀可达 10%WT 精度（WT：壁厚）。

（3）探头矩阵式布置，监测面积大。

（4）使用寿命长，使用年限在 15 年以上。

FSM 的检测方法的局限主要在测量数据漂移，特别是精密前置放大器的漂移以及温度变化引起的漂移；牵扯效应导致坑蚀检测精度不高；投入成本高等方面。

影响腐蚀的因素很多，每种腐蚀监测方法也都存在一定的局限性，腐蚀监测宜多种手段并用，取长补短，综合分析利用。

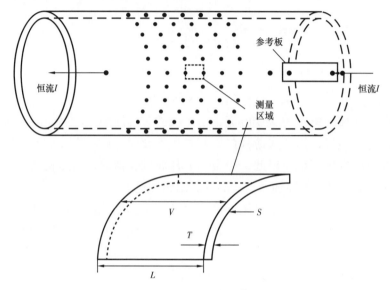

图 5-2-6　FSM 测量区域及等效电阻图

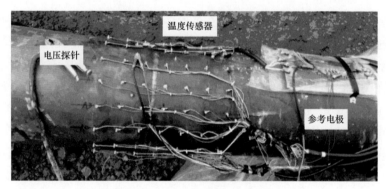

图 5-2-7　FSM 系统实际安装图

五、腐蚀监测技术的选择

综合各腐蚀监测技术的原理、成本及应用效果等，长庆油田管道腐蚀监测采用试件失重法＋电阻探针法＋在线超声波监测法联合方式进行腐蚀监测。其中试件失重法监测技术主要为了了解腐蚀、结垢形态，定期计算腐蚀速率；电阻探针法监测技术为了实时监测管输介质腐蚀速率；在线超声波监测法主要为了监控管道壁厚情况。

根据集输流程特点及各腐蚀监测技术特点，站内腐蚀监测点可选择侵入式腐蚀监测方法，站外腐蚀监测点选择非侵入式腐蚀监测方法；低压系统可选择侵入式腐蚀监测方法，高压系统选择非侵入式腐蚀监测方法。腐蚀监测方法选择可参照表 5-2-3。

表 5-2-3　腐蚀监测技术选择统计表

系统名称	节点名称	腐蚀监测方法	失重挂片 / 组	电阻探针 / 组	超声波测厚 / 组	备注
油田全流程腐蚀监测点	井组	试件失重法	3	—	—	每套层系 1 套
	增压站	试件失重法 + 电阻探针法	1	1	—	
	接转站	试件失重法 + 电阻探针法	1	1	—	
	联合站原油处理系统	试件失重法 + 电阻探针法	1	1	—	
	联合站水处理系统	试件失重法 + 电阻探针法	1	1	—	
	配水间	在线超声波监测法	—	—	1	
清水系统腐蚀监测点	注水站原水系统	试件失重法	1	—	—	每个区域 1 套
	注水站净化水系统	试件失重法 + 电阻探针法	1	1	—	
	配水间	在线超声波监测法	—	—	1	
净化油系统腐蚀监测点	净化油管线	在线超声波监测法	—	—	视现场情况	—

第三节　腐蚀监测系统建设

一、系统建设目的

1. 全面掌握油田管道腐蚀现状

借助信息化手段实现腐蚀监测数据采集、存储，利用图像化展示各腐蚀监测点数据，打通数据壁垒，实现腐蚀监测数据集中监控，实时掌握区域腐蚀状况。

2. 为防腐提供技术支撑

搭建数据信息控制平台，可辅助管理人员分析腐蚀成因、缓蚀剂缓蚀效果，分析生产沿程腐蚀关键控制点以及沿程各工艺流程历史情况以及发展趋势，为防腐提供技术支撑。

3. 实现由被动维护变为主动预防

为了防止因油田集输管道和注水管道泄漏等突发事件发生而造成沿线环境污染，最大限度减小社会影响，保障地方水源安全，实现企地和谐发展，保障油田安全生产，助力油气田安全高效运行。

二、监测系统功能需求分析

为及时有效地掌握各类管线腐蚀情况，腐蚀监测平台应提供以下功能。

1. 监测数据实时显示

腐蚀监测软件系统可按照各腐蚀监测技术设定的监测周期，第一时间接收各类腐蚀监测方法得到的数据，并应能做出快速响应，及时有效地接受、处理并显示数据。

2. 监测警报功能

为保证管道及设备安全运行，管道及设备腐蚀速率、腐蚀深度以及管道内介质温度、压力等环境参数必须保持在某一个范围内，不能超出最大允许值。一旦这些参数超出用户设定的阈值，软件系统必须及时给予警报提醒，以警示用户尽快做出处理，避免危险升级影响管道安全运行甚至危及人身安全。

3. 腐蚀趋势预测功能

为掌握管道及设备未来某段时间内的腐蚀状态，软件系统必须根据已有监测数据，为用户提供腐蚀趋势预测功能。

4. 记录与查询监测数据

管道及设备腐蚀监测数据是用来分析管道腐蚀状态，评判管道及设备运行安全的重要参考资料，同时，为了研究管道及设备既往腐蚀状态，软件系统必须能及时准确地记录监测数据，并提供再查询功能。

5. 导出监测数据功能

为方便用户分析管道腐蚀状态，软件系统必须提供数据导出功能。

6. 非功能需求

软件系统要结构合理、反应速度快、人机界面友好，开放性和可维护性高，同时还具备大多数软件所共有辅助功能，如打印、保存等。

三、各油田腐蚀监测平台建设

各油田根据自身建设情况，逐步开展腐蚀监测网建设。

塔里木油田开发了地面防腐信息管理平台，包括 PC 端开发（主要建立包括基础数据管理、技术措施管理、生产技术支撑、专业技术管理和知识共享管理五大功能模块）、移动端 APP 开发（包括缓蚀剂管理、腐蚀监测管理、阴极保护管理、容器 / 储罐内涂层管理、牺牲阳极管理等 5 个主要功能的开发，并已部署到油田移动办公平台）及数据资源建设三个部分。

西南油气田建立的气田腐蚀数据与控制管理平台，可实现现场腐蚀数据的自动采集、对井站和管线的腐蚀预测及评价以及基于 GIS 的终端展示。

长庆油田建立的腐蚀监测系统，包含地面监测、井筒监测、应力监测及智能阴保四个方面。

参 考 文 献

［1］杨列太.腐蚀监测技术［M］.路民旭，辛庆生，等译.北京：化学工业出版社，2012.

［2］天华化工机械及自动化研究设计院.腐蚀与防护手册：腐蚀理论、试验及监测（卷）［M］.2 版.北京：化学工业出版社，2009.

［3］邢展，李煌，郭长瑞，等.石化行业常用腐蚀监测技术综述［J］.全面腐蚀控制，2017，31（3）：43-50.

［4］程明.哈法亚油田 CPF3 的腐蚀监测技术应用［J］.腐蚀与防护，2020，41（6）：53-56.

［5］刘忠友，杨本立.在线监测与超声波测厚技术综合应用分析［J］.石油化工腐蚀与防护，2011，28（5）：48-51.

［6］龙媛媛，张洁，刘超，等.超声波测厚技术在埋地管道局部壁厚抽检中的应用［J］.无损检测，2010，32（5）：392-393.

［7］赖海涛，田发国，于淑珍，等.基于壁厚在线监测的集输站场设备和管道腐蚀风险评价研究［J］.机械设计与制造，2017（10）：220-223.

［8］范强强，华丽.在线腐蚀监测技术应用概述［J］.全面腐蚀控制，2013，27（7）：22-25.

［9］陈凤琴，付冬梅，周珂，等.电阻探针腐蚀监测技术的发展与应用［J］.腐蚀科学与防护技术，2017，29（6）：669-674.

［10］纪大伟.管道内壁腐蚀监测技术研究［D］.大连：大连理工大学，2010.

［11］王一品，安江峰.电阻探针技术和挂片失重法腐蚀监测结果的对比分析［J］.材料保护，2021，54（6）：72-78.

［12］王子强，刘绍信，夏显威，等.场指纹腐蚀监测技术在塔中 1 号气田中的应用［J］.全面腐蚀控制，2013，27（3）：50-53.

第六章 管道检测技术

实践证明，只有定期进行科学检测，才能掌握管道腐蚀和防腐层状况，为管道的日常管理、安全运行和定期维护提供数据依据。目前，埋地钢质管道外检测技术已相对成熟，常用的方法有交流衰减法、交流电位梯度法、直流电位梯度法、密间隔电位法等。各种检测方法和机理有各自的优缺点，长庆油田根据不同管道特点，选用上述检测方法进行埋地管道腐蚀防护检测，基本能满足管道外检测需求。

目前管道内检测以无损检测技术为主，其原理为通过内检测器在管道中的行走，对管道内部的腐蚀损伤进行检测，得出管道存在的缺陷和安全隐患。经过几十年的发展，采用超声波和漏磁等检测技术，实现了管径大于 DN200 以上管道的内检测，由于漏磁和超声波等检测设备很难实现小型化，受设备尺寸、内部焊瘤、转弯半径等诸多因素限制，导致其在小口径管道中很难应用。

长庆油田管道数量众多，大部分管道管径偏小（小于 DN200），并且油区众多管道经过自然保护区、饮用水源保护区等敏感区域，随着新两法的实施，对运行管道的内腐蚀检测和维护提出了更高的要求。

为缓解老油田采出液含水率不断升高、管道内腐蚀加剧现状，油田引入了小口径管道内防腐技术，有效提高了管道的使用寿命。但对于小口径管道的内防腐层检测，由于受检测设备尺寸限制，最初只是通过抽检的方式，也就是说将管道在一定位置切断，通过观察和检测管口至管内 300mm 范围内管道涂层的质量，来推断整条管道的内防腐层施工质量。通过管口抽检数据，来推测全线涂层质量的检测方法不是十分准确的。

针对小口径管道的内腐蚀和防腐层的检测，近几年油田开展了大量研究，取得了技术性的突破，形成了适用于管径 DN50 以上的长距离管线内视频、防腐层测厚和管线内腐蚀检测技术，一次检测距离可达 3～5km。

第一节 管道外检测技术

一、交流电位梯度法（ACVG）

1. 基本原理

交流电位梯度法简称 ACVG[1]，是目前较准确的涂层缺陷定位技术，基本原理是，向管道施加一定频率交流电流信号时，当防腐层出现破损时，信号电流就会从破损点流出，并以破损处为中心形成一个球形电位场，在地面上通过对这个电位场地面投影的电位梯度检测，确定出电位场的中心，从而定出破损点的位置。需要注意的是，当周围的环境介质电特性出现较大差异时，该电位场可能发生畸变，从而使地面上的电位场中心偏移。

2. 仪器设备介绍

ACVG 方法使用较多的是雷迪 PCM 的 A 支架以及皮尔逊方法的防腐层探测检漏仪（SL）。SL 已完全实现国产化，国内企业也有生产 PCM，但使用效果欠佳。

PCM 的 A 支架是测量两固定金属地针之间的电位差，检测时向管道中施加特定频率的交流信号，检测人员在管道上方将 A 支架地针插入地表，依据接收机上的箭头方向和 dB 值（或电流值）的大小判断破损的位置和相对大小。利用 dB 值（或电流值）的大小判断破损的相对大小时，dB 值的主要影响因素有测量处的管中电流大小、破损程度、管道埋深、土壤电阻率，其中电流大小对 dB 值的影响最大。因此，破损程度判断不能光凭 dB 值这一单项指标。

为了提高测量精度，探针必须同管线上方土壤有良好接触。测量可在外电流阴极保护系统通电情况下进行。使用管道定位器定位或在地面标记，以便准确记录测量数据。该方法仅能定性地检测漏点大小，相同的信号强度下，分贝值越大说明破损越严重。该方法不能指示阴极保护效果，不能指示外覆盖层剥离，易受外界电流的干扰，依赖操作者的技能，常给出不存在的缺陷信息。

为了增大信号传输距离，提高接收机灵敏度，Radiodetection 公司采用了大功率发射机和混合频率的交流信号，并且接收机灵敏度大大提高。发射机最大交流信号可达到 3A，最大传输距离 60km。发射机频率为 4Hz、8Hz、128Hz、640Hz 等叠加而成。相对于皮尔逊方法的 1000Hz 频率，传输距离大大提高。因为频率越高，电流更容易通过管线与大地之间的容性耦合泄漏到大地中。

混频信号中 8Hz 的电流方向指示使漏点查找更加人性化，破损定位精度更高。如果接收机箭头向前指，说明漏点在前面；接收机箭头向后指，说明漏点在后面。由于施加了高频率的 128Hz 或 640Hz 信号，管线定位精度提高。

接收机有如下基本特征：（1）能够手动调节接收机线圈与回路，从而与发射机频率相匹配；（2）可手动调节接收机增益；（3）接收机包含两个水平线圈和一个竖直线圈，可用峰值或谷值法测量。

皮尔逊法（Pearson）是交流电位梯度法的一种，目前国产化的仪器为 SL-2098。该方法是由美国人 Pearson 提出，是早期广泛应用的一种检测管道外防腐层局部连续或不连续破损点的技术，其工作原理是在管地之间施以典型值为 1000Hz 的交流信号，该信号通过管道防腐层的破损点处时会流失到大地土壤中，因而电流密度随着远离破损点而减小，就在破损点的上方地表面形成了一个交流电压梯度。检测时由两名操作者沿着管道一前一后走在管道上方，当操作人员走到漏点附近时，检漏仪开始有反应，当走到漏点正上方时，喇叭中的声音最响，示值最大，从而准确找到漏蚀点。由于在该检测方法中，以两个操作人员的人体代替接地电极，故该方法又称人体电容法（SL）。NACE 0502 中将该方法单独作为皮尔逊法列出，就其原理上说该方法对破损点的检测属于 ACVG。

电位梯度法检测速度快，定位精确高，是目前埋地钢管外防腐层破损检测技术中较精确高效的一种。但对于水泥、柏油等硬质地面敷设的管道，防腐层检测效果较差。对于复杂情况的检测，要结合其他检测手段及现场实际情况，依据电位梯度法的基本原理综合分析才能实现。

二、交流衰减法（PCM）

1. 基本原理

也称交变电流梯度法或多频管中电流法[2]。主要用来评价涂层整体质量、检测和比较不连续的涂层异常。这项技术不需和土壤直接电性接触，因为磁场可以穿透冰、水和混凝土等表层来采集管道涂层的信息。分为定量检测和定性检测。定量检测是指对管线防护层绝缘电阻值进行测量，通过防护层绝缘电阻值的大小来判断防护层的质量。定性检测是对防护层的破损点的确定。其基本原理是：给管道某一点通入一定频率的交流电信号，电流沿着管道流动并随距离的增加而有规律地衰减。当管道通入交流电信号时，周围便产生相应的电磁场，它与管中电流的大小成正比，利用接收端可从地表的磁场分量测定管中信号电流的大小，从而获得衰减的规律。当防腐层破损后，信号电流由破损点流入大地，管中电流会出现明显的衰减，从而引起地面磁场的急剧减小，从而被接收端发现。该方法还可实现管道的埋深、支管位置等数据的测量。

该方法属于非接触地面检测，通过磁场变化判断防腐层的状况，因而受地面环境状况影响较小，可以对埋地管道进行准确定位，确定防腐层破损点位置，并能分段计算防腐层的绝缘电阻，对防腐层的状况整体评价。工程测量中所使用的仪器轻便，操作也比较简单，用户反应良好，目前在油田管道检测系统中得到应用广泛。但由于检测磁场是由电流的感应所产生，受到磁场叠加及介质的影响，对相邻比较近的多条管道难以分辨，在管道交叉、拐点处以及存在交流电流干扰时，所测得的数据难以反应管道防腐层的真实状况。同时，该方法受到一些管道自身条件的约束，比如对于一些有局部牺牲阳极保护的管道，为限制阴极保护范围而设有绝缘法兰的管段等。

2. 防腐层绝缘电阻（电导）的测量

根据地面检测得到的电流，将电磁学中均匀传输线路理论应用于管—地回路，建立相应的数学模型，可有效地分析并消除管道规格、防腐层结构、土壤环境等因素的影响，计算出反映防腐层总体质量好坏的综合指标性能参数——绝缘电阻 R_g，定量地对管道防腐层质量进行综合评价。

将管—地体系看成是一个相对均匀的传输线路，这一线路可以被描述成由许多微段组成，当微段长度远小于信号的最短波长时，就可忽略微段上电路参数的分布性，每个微段可以等效成如图 6-1-1 所示的等效电路。图 6-1-1 中 Z_i 表示管道单位长度纵向阻抗，Z_s 表示土壤的内阻抗，Y_i 表示管道的横向导纳，Y_s 表示土壤的横向导纳。考虑到信号在传输中的相伴变化，又有：

$$Z_i = R_i + j\omega L_i \tag{6-1-1}$$

$$Y_i = G_i + j\omega C_i \tag{6-1-2}$$

式中　R_i——管道单位长度纵向电阻，Ω/m；

$\qquad L_i$——管道单位长度纵向电感，H/m；

$\qquad G_i$——管道单位长度横向电导，S/m；

$\qquad C_i$——管道单位长度横向电容，F/m；

$\qquad \omega$——角频率，rad/s。

考虑到土壤是由固体颗粒、液体和气体组成的多相混合物，检测埋地管道时，土壤的电流以传导电流为主，可不计位移电流的影响，则有：

$$Z_s = R_s \tag{6-1-3}$$

$$Y_s = G_s \tag{6-1-4}$$

式中　R_s——土壤单位长度纵向电阻，Ω/m；

$\qquad G_s$——土壤单位长度横向电导，S/m。

经过进一步的简化和等效变换，图 6-1-1 中的微段等效电路可以表示为图 6-1-2 所示的形式。

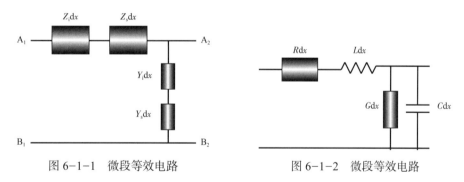

图 6-1-1　微段等效电路　　　　　　　图 6-1-2　微段等效电路

图 6-1-2 中 R 为管—地体系的单位长度纵向电阻（Ω/m），L 为管—地体系的单位长度纵向电感（H/m），G 为管—地体系的单位长度横向电导（S/m），C 为管—地体系的单位长度横向电容（F/m），其中 $R=R_i+R_s$，G 和 C 的等效形式推导整理可得：

$$G = \frac{G_s\left(G_i^2 + G_i G_s + \omega^2 C_i^2\right)}{\left(G_i + G_s\right) + \omega^2 C_i^2} \tag{6-1-5}$$

$$C = \frac{G_s^2 C_i}{\left(G_i + G_s\right)^2 + \omega^2 C_i^2} \tag{6-1-6}$$

当所加入的交变信号为正弦波，忽略时间因子的作用，可用下述微分方程表示：

$$\frac{\mathrm{d}U}{\mathrm{d}X} = -(R + \mathrm{j}\omega L)I \qquad (6-1-7)$$

$$\frac{\mathrm{d}I}{\mathrm{d}X} = -(G + \mathrm{j}\omega C)I \qquad (6-1-8)$$

式（6-1-8）对 X 求导，并将式（6-1-7）代入可得：

$$\frac{\mathrm{d}^2 I}{\mathrm{d}X} = (R + \mathrm{j}\omega L)(G + \mathrm{j}\omega C)I \qquad (6-1-9)$$

令

$$r = \sqrt{(R + \mathrm{j}\omega L)(G + \mathrm{j}\omega C)} = \alpha + \mathrm{j}\beta \qquad (6-1-10)$$

式中　α——衰减系数；

　　　β——相移系数。

将式（6-1-9）解方程后得：

$$I = A\mathrm{e}^{-X} + B\mathrm{e}^{X} \qquad (6-1-11)$$

式（6-1-11）中第一项随距离 X 的增大而减小，在有线传输理论中被称为入射波；第二项随 X 的增大而增大，称为反射波。在埋地管道的检测中，可忽略反射信号的影响。当微段电路长度远小于信号波长，且起点电流已知时，即 X 为 0 时，电流为 I_0，则式（6-1-11）可简化为：

$$I = I_0 \mathrm{e}^{-ax} \qquad (6-1-12)$$

管道上任一点的电流可由检测仪器测出，用两点的检测值可由式（6-1-12）计算得：

$$a = \frac{\ln I_1 - \ln I_2}{Z_2 - Z_1} \qquad (6-1-13)$$

将式（6-1-11）经整理推导后可得：

$$\alpha = \frac{\sqrt{2}}{2}\sqrt{RG - \omega 2LC + \sqrt{(R^2 + \omega^2 L^2)(G^2 + \omega^2 C^2)}} \qquad (6-1-14)$$

在计算出 R、G、C、α 后，可由式（6-1-14）计算出电导 G，管道的绝缘电阻 R_g 包含在 G 中，由式（6-1-15）表示：

$$G = G_S + \omega C_i \tan\delta + \frac{1}{R_g} \qquad (6-1-15)$$

即可计算出 R_g，式中 $\tan\delta$ 为介质的损耗角正切。

3. 防腐层破损点的定位

向管道中接入电流信号，这时管道和大地通过 PCM 系统形成了电流回路，电流沿着管线不断传播，电流会在管线周围形成电磁场，使用 PCM 系统的接收机可以测取感应电流信号的强度，并以此替代管线中的实际电流强度。电流在传播过程中其强度会不断衰减，衰减率与管线防腐层质量状况有关，通过检测感应电流沿管线传播过程中的衰减率，可以对管线外防腐层质量状况进行评估。当管线外防腐层性能良好时，其绝缘性能可以保证电流信号只在管道内进行传播，并且随着检测距离的增加，感应电流信号强度会呈现均匀衰减。当防腐层出现破损时，电流会在破损点流入土壤，这时感应电流信号强度会出现明显的陡降。在检测过程中，使用接收机按照固定的距离间隔在地面上采集电流信号强度，并对信号强度发生异常衰减的位置进行定位和标记，可实现破损点位置的定位。并根据电流信号的衰减对外防腐层质量状况进行评估。

通过把检测数据进行转换，可绘制出 I_{dB}-X 和 Y-X 曲线，当管道出现防护层破损时，将必然有电流从破损处流入土壤中，因此 I_{dB}-X 曲线必然会有异常的衰减，在 Y-X 曲线上就会出现一个明显的脉冲突变，这就是利用电流的异常衰变来确定防腐层破损点的原理。

4. 管道埋深的测量和管线定位

管线探测仪通过两个感应线圈产生的电压计算管中电流，根据电流可计算出线圈与管道中心之间的距离。图 6-1-3 为用两水平线圈测量管线电流的原理。

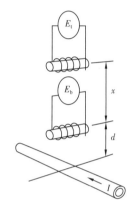

图 6-1-3　管线电流测量原理

上面的线圈感应的电动势：

$$E_t = \frac{I}{x+d} \tag{6-1-16}$$

下面的线圈感应的电动势：

$$E_b = \frac{I}{d} \tag{6-1-17}$$

根据上面两式可得：

$$I = \frac{E_b E_t x}{E_b - E_t} \tag{6-1-18}$$

根据式（6-1-17）和式（6-1-18）可以算出：

$$d = \frac{E_t x}{E_b - E_t} \tag{6-1-19}$$

其中最关键的是测量感应线圈的电动势。

三、直流电位梯度法（DCVG）

1. 测试原理

在施加了直流电源或有阴极保护的埋地管线上，电流经过土壤介质流入管道防腐层破损点裸漏的钢管处时，会在管道防腐层破损处的地面上形成一个电位梯度场。根据土壤电阻率的不同，电压场的范围将在 12.2~45.8m 范围变化。对于较大的涂层缺陷，电流流动会产生 200~500mV 的电压梯度，缺陷较小时，也会有 50~200mV。电压梯度主要在离电场中心较近的区域（0.9~1.8m）。通常，随着防腐层破损面积越大和越接近破损点，电压梯度会变得越大、越集中[3]。

为了去除其他电源的干扰，DCVG 测试技术采用了不对称的直流信号加在管道上。由一个安装在阴极保护电源阴极输入端的周期定时中断器控制。

DCVG 测试技术是利用在管道地面上方的两个接地探极（Cu/CuSO₄ 电极），和与探极连接的高灵敏度毫伏表，通过检测因管道防腐层破损而产生的电压梯度，来判断管道破损点的位置和大小的方法。在进行检测时，两根探极相距 2m 左右沿管线行进，当接近防腐层破损点时毫伏表指示的数值逐渐变大，走过缺陷点时数值指示又逐渐变小。当破损点在两探极中间时，毫伏表指示为零。

在进行电位梯度测量时，为了获得足够大的 IR 降，必要时应当提高恒电位仪的输出电流，但不应超过恒电位仪的最大输出电流。恒电位仪的 ON 和 OFF 点的偏差最好达到 500~600mV。但是恒电位输出功率增加时，相应的管线极化电位也提高了，为此中断器的 ON 电位应尽量缩短，比如 ON 电位 300Ms，OFF 电位 700Ms。有时为了获得足够大的 IR 降，必要时应当在恒电位仪中间位置临时添加阴极保护电流。为测量位置提供阴保电流的所有恒电位仪必须进行中断。

如果被检测管段没有破损点，仪器表盘上的指针不摆动。当仪器操作者接近破损点时，表盘上的指针有规律地摆动，摆动速率与 GPS 同步中断器的频率相同。随着操作者逐渐靠近破损点，摆动的幅度逐渐增加，此时可能需要调整电压表的灵敏度。

2. 埋地管道防腐层缺陷特征描述

DCVG 测试技术不仅可以定位埋地管道防腐层的缺陷位置，而且还可以通过在管道上方地面上画等压线的方法，进行缺陷点形状的判定。当采用 DCVG 测试技术对破损点定位完成以后，使用一根探极放在破损点地表电场的中心，另一根探极在中心点四周按等电位进行测试，根据测试的电场等压线的形状，实现防腐层缺陷形状和位置的判断。

在管道顶端的小破损点，其等压线是圆形的，在管道正下方的破损，其等势区在管线的一侧且呈椭圆形，长的破损处为拉长的等势线。当管道防腐层因老化而出现大面积的龟裂和破损时，在管道两侧会出现连续的电压梯度，沿管线方向的两边有最大值，中间有一个无效区。在实际检测中，由裂口形成的特定形状的电压梯度轮廓线辨别裂口的形状。

在实际检测过程中，由防腐层裂口形成的电场等势轮廓线可容易地辨别裂口的形状，通常在管道防腐层缺陷侧旁也有很强的电压梯度，因而在检测过程中每隔三步就要在管线垂直方向进行一次检测，可清晰地测试出缺陷的形状，并可减少管道防腐层缺陷点的漏检。

在相距很近的一些小破损点，可能产生一些独立的区域，由于相互作用会在中间形成一个无效区域，在这种情况下，为了准确地确定破损点的位置，检测时应尽量减小两探极间的距离，可有效地区分缺陷点的作用，并准确地对缺陷进行定位。在实际检测过程中，对于间距较小的缺陷可以认为是一个缺陷点，可有效地减少工作量，增快检测速度。

3. 管道防腐层破损点腐蚀情况的判断

在 DCVG 检测技术中，由于采用了不对称信号，可以判断管道是否有电流流入或流出以及是否有阴极保护，也就是判断埋地管道防腐层破损点钢管是否发生腐蚀以及该点阴极保护的程度。从实际检测的情况看，DCVG 技术的这项测试指标是准确的，但不是绝对的。DCVG 测试技术可以判断管道在防腐层破损点是否有腐蚀发生，其特点是其他管道缺陷检测方法所不具备的。

在阴极保护正常工作条件下，使用 DCVG 测试技术确定破损位置后，应将测试信号作一些调整，直流信号调整到阴极保护正常的保护水平，例如在正常时的阴极保护条件下，管地电位为 −1000mV，由于加了中断器，阴保输出电流降低，保护电位下降。在进行埋地管道破损点腐蚀测试时，应该也调到 −1000mV，此时中断器应该继续工作。这些条件的设定是为了了解埋地管道在正常阴极保护正常工作条件下，埋地管道防腐层破损点的腐蚀情况，在这种条件下进行腐蚀测试可以查明破损点的腐蚀严重性。而在破损点的测试应该在远离破损点的地方将 DCVG 的两根探极紧挨着插入土中，将毫安表的指针调到中心零位，然后一根探极放在破损点在地表的中心点上，另一根探极放在远大地点，此时毫安表的指针可能有几种指示情况，如图 6-1-4 所示。

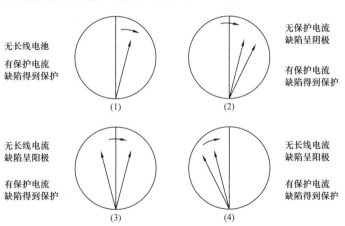

图 6-1-4　缺陷处腐蚀情况仪表测试图

由于其他 DC 电源对管道的影响，指针可能始终偏向阳极和阴极，在阴极保护 1/3 通电情况下指针向缺陷处晃动，在图 6-1-4 的（3）和（4）两种情况下可能有腐蚀发生。这 4 种情况可清楚地表明阴极保护的实际情况，所以埋地管道防腐层破损点是否有腐蚀发生与阴极保护有着密切的关系。在这 4 种情况中，最危险的情况为在有无阴极保护的条件下管道都呈阳极，这表明在此破损点没有阴极保护电流流入或很微弱，对管道没有起到保护作用，在实际检测中一旦发现这种情况就应该对此破损点立即进行开挖、检查和维修。

四、密间隔电位测试（CIPS）

1. 测量原理

密间隔电位测量是国外评价阴极保护系统的首选方法之一。其原理是通过测量阴极保护系统管道上管地电位沿管道的变化情况（一般是每隔 1～5m 测量一个点），来分析判断管道防腐层的状况和阴极保护的有效性。

在阴极保护系统正常工作时，由于土壤电阻存在而产生 IR 降，所以在地面上测得的管地电位并不能反映管道金属表面与土壤接触界面之间的电位，也就无法准确判断阴极保护系统对管道的保护效果。为了消除土壤中 IR 降的影响，目前普遍采用断流法，即在中断阴极保护电流后的瞬间，测量管体与土壤界面之间的极化电位。在中断阴极保护电流后，由于电流为零，IR 降也为零，此时测得的 OFF 电位就是所要确定的极化电位[4]。

2. 测量系统组成

CIPS 测量仪器是由电流中断器、探测电极（饱和 Cu/CuSO$_4$ 电极）、测量主机和绕线分配器组成的一套阴极保护电位分布检测系统，测量示意图如图 6-1-5 所示。测量时在阴极保护电源输出线上串接断流器，断流器以一定的周期断开或接通阴极保护电流，测量从一个阴极保护测试桩开始，将尾线接在桩上，与管道连通，操作员手持探杖，沿管线每间隔大约 3m 测量一点，记录下每个点的 ON 和 OFF 电位，这样就可得到如图 6-1-6 所示沿管道方向的管对地电位间两条曲线。

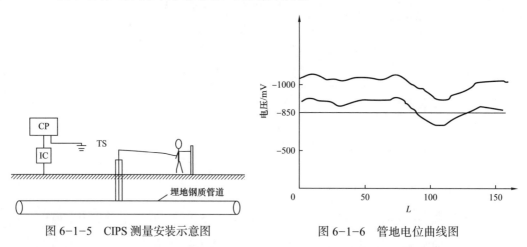

图 6-1-5　CIPS 测量安装示意图　　　　图 6-1-6　管地电位曲线图

其中的 OFF 电位是代表实际对金属表面施加的真实保护电位，将其与 -0.85V 保护电压进行比较，就可以了解某处地下管道的阴极保护实际效果。通过分析 ON/OFF 管地电位变化曲线，也可发现防腐层上比较大的缺陷，当防腐层有较严重的缺陷时，缺陷处防腐层的电阻率会很低，阴极保护电流密度会在缺陷处增大，土壤的 IR 降也会随之增大，则在缺陷点处的管地电位（ON/OFF）的值就会下降，在曲线图上出现如同图 6-1-6 所示的漏斗形状，尤其是 OFF 电位值会下降得更加明显。

密间隔电位方法是目前比较复杂、科学、准确的一种检测技术，可记录被测管道的阴极保护状态，同时它能够测定防腐层破损面积的大小，并具有较高的检测精度。检测过程中，测量仪器可对数据进行自动采样。但当存在杂散电流时，它所测得的 OFF 电位准确性较差，另外在砖石铺砌地面、混凝土表面、河流等区域的测量效果也不理想。

利用密间隔电位法对无阴极保护系统管道进行自然电位的检测与评价，可以进行管道上是否有杂电干扰存在，以及干扰的影响范围大小等的判定。还可以判定管道是否存在"宏电池"腐蚀效应。无防腐层管道的 CIPS 检测电位曲线可分析管道什么部位发生了腐蚀。

第二节　管道内检测技术

一、管道变形检测技术

管道变形检测技术主要用于检测管道因外力等因素引起的凹坑、椭圆度、内径的几何变化，以及其他影响管道内有效内径的几何异常现象，确定变形具体位置[5]。变形检测技术发展较早，也较为成熟。最先用于管道几何形状检测的仪器是通径内检测器，它的出现是管道检测技术的一大进步。这种设备带有一圈伞状感测臂和里程轮，这些感测臂装在一个中心柱上，沿圆周分布，各自均贴在管壁上，在中心柱端部装有一支记录笔，停放在录纸带上，其记录纸带在两个里程轮之间的走动，而里程轮由步进电机带动，不同的里程对应记录纸带相应位置。若管壁有几何变形，变形处的感测臂产生转动，变形大转动幅度就大，并使中心柱移动一定距离，记录笔便会在纸带上留下一些数据。管道内径变化的程度和位置可从纸带上看出来。这种早期应用的检测器测量元件同管壁直接接触，因此对管道清洁度要求较高，否则容易产生机械故障。后来推出的电子测径仪，其尾部装有电磁场发射器，通过电磁波测出发射器与管壁之间的距离，并转变成电信号存储于附设的电子计算机内，可以更好地保存和分析测量数据，大大提高了变形检测的测量精度。国内外很多大检测公司具有此设备，市场上提供的被测管径范围从100～1500mm 不等。其灵敏度通常为管段直径的 0.2%～1%，精度为 0.1%～2%。

国内外比较常用的变形检测技术还有超声波检测法、管内摄像法、激光三角测量法和激光光源投射成像法等，它们各有特点，而且有的变形检测器还具有清管的功能。

二、漏磁内检测技术

漏磁通（MFL）[6] 技术是一种对铁磁材料损伤进行综合检测与分析的手段，铁磁材料被磁化后，若材料内部材质连续、均匀，材料中的磁感应线会被约束在材料中，磁通平行于材料表面，被检材料表面几乎没有磁场；如果被磁化材料有缺陷，其磁导率很小、磁阻很大，使磁路中的磁通发生畸变，其感应线会发生变化，部分磁通直接通过缺陷或从材料内部绕过缺陷，还有部分磁通会泄漏到材料表面的空间中，从而在材料表面缺陷处形成漏磁场。利用磁感应传感器（如霍尔传感器）获取漏磁场信号，然后送入计算机进行信号处理，对漏磁场磁通密度分量进行分析，进一步得出相应缺陷特征，比如宽度、深度。由于其具有检测能力强、检测效率高、出检测报告快等特点，使其成为现今最常用的管道在线直接无损检测方法之一。但该种方法必须要将钢管磁饱和，并且检测器在保持近乎匀速运行的情况下才能发挥出它的能力。

漏磁管道内检测的基本原理是使用永磁铁产生强磁场，并通过导磁介质使铁磁性管道的管壁磁化到饱和程度，在管壁圆周上产生一个纵向磁回路场，当管壁上没有缺陷时，则磁力线封闭于管壁之内，且磁场均匀分布；当管壁上存在异常，如缺陷、裂缝、焊疤时，磁通路变窄，磁力线发生变形，部分磁力线将穿出管壁产生漏磁，漏磁场被位于两磁极之间的、紧贴管壁的磁敏探头检测到，并产生相应的感应信号，这些信号经滤波、放大、模数转换等处理后被记录到存储器中，再分析数据曲线的幅值、斜率、周期等信息就可以确定管线的腐蚀程度、缺陷的类型和大小。

漏磁检测器为了能够通过管道弯头，一般都采用节状结构，节与节之间采用万向节连接。在动力节上安装着比管道内径稍大的橡胶碗，利用它阻塞管道介质流动产生推力，进而带动整个装置前进。在测量节，沿着管壁的周向排列数十个乃至上百个磁敏探头，每个探头内包含几个检测不同方向上漏磁场的检测通道。探头排列越紧密，对缺陷处漏磁场的记录就越完整。

当漏磁检测器工作时，行走轮由于在管壁上摩擦转动而产生触发信号。每收到一个触发信号，系统就依次记录各个通道的数据。如果按数据块的方式组织数据，把每次触发信号下各通道的值作为数据块的一列，把每通道各次采集的数据作为数据块的各行，由于漏磁场具有一定的空间分布，在缺陷处相邻通道的数据和每通道相邻数据间存在较强的空间相关性，这种相关性与图像像素间的空间相关性非常相似。因此，可以把这种漏磁数据块作为反映漏磁场分布的图像，采用图像压缩的方法实现对漏磁检测数据的压缩。

漏磁检测是用磁传感器检测缺陷，具有以下优点。

（1）容易实现自动化。由传感器接收信号，软件判断有无缺陷，适合于组成自动检测系统。

（2）有较高的可靠性。从传感器到计算机处理，降低了人为因素影响引起的误差，具有较高的检测可靠性。

（3）可以实现缺陷的初步量化。这个量化不仅可实现缺陷的有无判断，还可以对缺陷的危害程度进行初步评估。

（4）对于壁厚30mm以内的管道能同时检测内外壁缺陷。

但其也存在以下的局限性。

（1）只适用于铁磁材料。因为漏磁检测的第一步就是磁化，非铁磁材料的磁导率接近于 1，缺陷周围的磁场不会因为磁导率不同出现分布变化，不会产生漏磁场。

（2）严格上说，漏磁检测不能检测铁磁材料内部的缺陷。若缺陷离表面距离很大，缺陷周围的磁场畸变主要出现在缺陷周围，而工件表面可能不会出现漏磁场。

（3）漏磁检测不适用于检测表面有涂层或覆盖层的试件。

（4）漏磁检测不适用于形状复杂的试件。磁漏检测采用传感器采集漏磁通信号，试件形状稍复杂就不利于检测。

（5）磁漏检测不适合检测开裂很窄的裂纹，尤其是闭合性裂纹。

三、超声内检测技术

超声波在异种介质的界面上将产生反射、折射和波型转换，利用这些特性，通过对从缺陷界面反射回来的反射波的检测，进行管材缺陷的探测。超声波探伤就是利用材料及其缺陷的声学性能差异，对超声波传播波形反射情况和穿透时间的能量变化来检验材料内部缺陷的无损检测方法[7]。由于其具有精确度高、使用方便、对材料杂质不敏感，可直接利用原油作检测介质等优点，成为管道内无损检测的常用技术之一。

超声波在固体中的传输损失小，探测深度大，在异质界面上会发生反射、折射等现象，尤其是不能通过气体固体界面。如果金属中有气孔、裂纹、分层等缺陷（缺陷中有气体）或夹杂，超声波传播到金属与缺陷的界面处时，就会全部或部分反射。反射回来的超声波被探头接收，通过仪器内部的电路处理，在仪器的荧光屏上就会显示出不同高度和有一定间距的波形。可以根据波形的变化特征判断缺陷在管道上的深度、位置和形状。

超声波探伤仪的种类繁多，但脉冲反射式超声波探伤仪应用最广。一般在均匀材料中，缺陷的存在会造成材料的不连续，这种不连续往往又造成声阻抗的不一致，由反射定理可以知道，超声波在两种不同声阻抗的介质的界面上会发生反射。反射回来能量的大小与交界面两边介质声阻抗的差异和交界面的取向、大小有关。脉冲反射式超声波探伤仪就是根据这个原理设计的。

脉冲反射法在垂直探伤时用纵波，在斜射探伤时用横波。脉冲反射法有纵波探伤和横波探伤。在超声波仪器示波屏上，以横坐标代表声波的传播时间，以纵坐标表示回波信号幅度。对于同一均匀介质，脉冲波的传播时间与声程成正比。因此可由缺陷回波信号的出现判断缺陷的存在；又可由回波信号出现的位置来确定缺陷距探测面的距离，实现缺陷定位；通过回波幅度来判断缺陷的当量大小。

超声内检测具有以下优点。

（1）检测精度高、速度快、成本低、对人体无害。

（2）检测厚度大。

（3）能对缺陷进行定位和定量，无须对检测结果进行评价即可知道缺陷的位置。

（4）适用于裂纹的检测。

（5）采取一些技术手段，可以精确地检测出内、外腐蚀。

（6）不同管道材质的超声波很相近的特征，对检测结果基本无影响。

超声内检测技术的缺点如下。

（1）对输送介质有限制。这种检测器在管壁和传感器之间有一种耦合剂，因此它仅限于用在输送液体的管道上。

（2）适合于管壁厚度较大的管道检验，使超声波探伤也具有其局限性。

（3）超声波检测对工作表面要求平滑，要求富有经验的检验人员才能辨别缺陷种类。

（4）超声波式检测器采用的传感器的直径比漏磁式检测传感器的直径小。因此，需要更多的传感器才能覆盖整个圆周。

四、电磁涡流检测技术

涡流检测器采用对一次线圈通以电流，使管道内壁因电磁感应产生涡流，再以安放在一次线圈之间的二次线圈进行检测，以检测管壁缺陷情况[8]。

给一个线圈通入交流电，在一定条件下通过的电流是不变的。如果把线圈靠近被测管道，像船在水中那样，管道内会感应出涡流，受涡流影响，线圈电流会发生变化。由于涡流的大小随管道有没有缺陷而不同，所以线圈电流变化的大小能反映管道有无缺陷。

其基本原理是，将通有交流电的线圈置于待测管道内，这时线圈内及其附近将产生交变磁场，使管道中产生呈旋涡状的感应交变电流，称为涡流。涡流的分布和大小，除与线圈的形状和尺寸、交流电流的大小和频率等有关外，还取决于管道的电导率、磁导率、形状和尺寸、与线圈的距离以及表面有无裂纹缺陷等。因而，在保持其他因素相对不变的条件下，用一探测线圈测量涡流所引起的磁场变化，可推知管道中涡流的大小和相位变化，进而获得有关电导率、缺陷、材质状况和其他物理量（如形状、尺寸等）的变化或缺陷存在等信息。

该技术用于检测管壁内表面的裂纹、腐蚀减薄和点腐蚀等，是目前应用较为广泛的管道内无损检测技术之一，检测时涡流线圈不需与被测管道表面直接接触，可进行高速检测，易于实现自动化，但由于涡流是交变电流，具有集肤效应，所检测到的信息仅能反映管道表面或近表面处的情况，检测结果也易于受到材料本身及其他因素的干扰。

涡流检测技术的主要优点如下。

（1）在用于管道的内检测时，不需要接触管壁，也无须耦合介质。所以检测速度高，易于实现自动化检测，可进行高温下的检测。

（2）检测灵敏度高，且在一定范围内具有良好的线性指示，可对大小不同的缺陷进行评价。

（3）由于采用电信号显示，所以可存储、再现及进行数据比较和处理。

（4）对管道内环境要求较低，如若管道内有液体等也不影响检测；并且涡流不受传感器尺寸限制，可以小型化，最小可达到40mm管径。

但其也存在一定的缺点，主要如下。

（1）只能检测导电金属材料管线的表面和近表面缺陷，不适用检测非金属材料管道。

（2）金属表面感应的涡流的渗透深度随频率而异，激励频率高时金属表面涡流密度大，随着激励频率的降低，涡流渗透深度增加，但表面涡流密度下降，所以探伤深度与表面伤检测灵敏度是相互矛盾的，很难两全。当对一种材料进行涡流探伤时，需要根据材质、表面状态、检测标准作综合考虑，然后再确定检测方案与技术参数。

（3）涡流探伤至今还是处于当量比较检测阶段，对管线内部缺陷做出准确的定性定量判断尚待开发。

第三节　小口径管道内检测技术

一、小口径管道内视频检测技术

1. 检测原理

通过对图像识别系统和光源等性能优化，长庆油田实现了管径不小于 DN50 的管道内视频检测技术。其原理为，设备外部采用简体加皮碗的结构，内置高清运动摄像头，设置高精度里程编码记录功能，使用压缩空气为推动力，推动检测器在被测管道内行进，实现对管道内壁的全程录像检测。

检测时，管道配有相应的设备收发装置。检测完毕后，视频资料下载到计算机上，进行管道内壁状态的直接分析，实现新建管道内防腐层、在役管道内壁腐蚀状况和热洗除垢效果的检查。本技术属于长输管道的一种全程检测技术，一次性最长检测管道可达 3km 长。

2. 设备结构

1）通过性

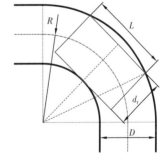

图 6-3-1　检测器过弯道的尺寸约束

小口径管道内空间狭小，检测器在设计时必须考虑它的过弯道能力。因此，检测器想通过弯头，必须满足图 6-3-1 所示的模型，即将检测器抽象成一个长度为 L，直径为 d_r 的圆柱体。要满足检测器通过直角时不发生干涉，需要满足式（6-3-1）：

$$L \leqslant 2\sqrt{\left(R+\frac{D}{2}\right)^2-\left(R-\frac{D}{2}+d_r\right)^2} \qquad （6-3-1）$$

式中　R——直角弯头的中心轴线半径。

检测器的最大长度随着管道弯曲半径的增大而增大，随着检测器直径的增加而减小。

2）清晰度

图像识别系统需要用相机采集图像。通常光源、透镜畸变和物体的位置等许多因素都会影响图像的质量。因此，所选择相机的类型是影响系统识别能力的关键因素，由于可以识别的最小信息是视场的函数，也就是说相机通过改变镜头可以扩大视场，但实际应用中会减少实际识别区域。通常的做法是尽可能把传感器上感兴趣区域选取图像的画面填满，同时允许配准误差和位置重复。例如，如果需要检测一幅大图片的毛细裂缝，则需要分辨率可以识别裂缝的相机。

检测器在实际管道中拍摄的图像中，需要采集照明范围内的图像，也就是镜头水平夹角 70°至 20°范围的影像，如图 6-3-2 所示。且距离较近，大约在 2m 之内。通过更换大广角镜头，可以提高照明区域部分的图像捕捉质量。光源是影响检测器视觉系统图像水平的重要因素，因为它直接影响检测器拍摄效果和待机时间。由于管道内壁一般带有涂层，而涂层比较光滑，具有较强的光反射特性，因此，选择的光源首先必须能够消除反光（阴影）效果。通过大量的调研和实验，经过对能耗、亮度和体积三个重要因素的反复测试，使用环形 LED 光源为检测器的照明，能满足小口径管道检测器的环形光源设计需求。

3）整机结构

为了适应小口径管道的内窥检测，车体和皮碗采用了紧密的分层以及缓冲内部结构，具有结构简单、适应性强的特点，在检测过程中，能承受管道内水气、压力、振动和冲击等复杂状况，能适应油区丘陵地带山多、坡堵、沟深管道建设的特点。

检测器主机从里到外共分五层，分别是按钮防水橡胶套、按钮板、缓冲垫、压板、主控板。按钮防水橡胶套隔绝主机外的水与杂物进入，按钮板后边的压板将按钮板牢靠地固定住，防止因按压按钮时对按钮板造成变形，在压板与按钮板之间采用缓冲垫，避免检测器行走过程中的振动和冲击直接传入按钮板上。而主控板又与其他各层有一定的间隔空间，防止触点相互接触而短路。

二、小口径管道内防腐层测厚技术

1. 检测原理

传统涂层的测厚方式基本都是接触式的，对于长距离管道的内检测，无论是从检测密度、时间和动力装置的起停控制等方面，显然都是无法实现的。所以在测量方式的选择上，转换思路，采用了非接触式的测量方式，即从测量涂层的厚度改变为测量从传感器到涂层及钢管本体的距离上，通过将这两者距离相减得到涂层的厚度的方式，实现了小口径管道内涂层的长距离全程厚度检测技术，如图 6-3-3 所示。

检测设备以压缩气体为推动力，内置非接触式、快速采样传感器、AD 采样转换电路、里程编码计数电路、电磁定位电路等全程厚度检测系统。其原理是采用了两种不同的传感器，一种是电涡流测距传感器，用来测试传感器表面与钢管本体的距离 T_2；另外一种是激光测距传感器，用来测试传感器表面与涂层表面的距离 T_1。该方法具体测厚原理是，通过这两种传感器测试钢管同一位置处的距离，然后做差值，得出该位置处涂层厚度的值。

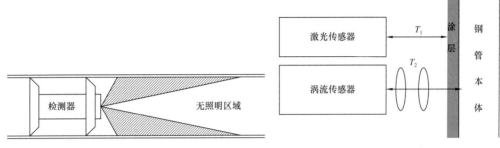

图 6-3-2　检测器管道内数据采集示意图　　图 6-3-3　涂层测厚检测原理图

2. 传感器

小口径管道内防腐层测厚设备涉及的传感器有两种，一种是激光测距传感器，另一种是电涡流测距传感器

1）激光测距传感器

激光测距传感器工作原理是，激光传感器工作时，先由激光二极管对准目标发射激光脉冲，经目标反射后激光向各方向散射，部分散射光返回到传感器接收器，被光学系统接收后成像到雪崩光电二极管上，雪崩光电二极管是一种内部具有放大功能的光学传感器，因此它能检测极其微弱的光信号，记录并处理从光脉冲发出到返回被接收所经历的时间，即可测定目标距离。

激光三角反射式测量原理基于简单的几何关系。激光二极管发出的激光束照射到被测物体表面。反射回来的光线通过一组透镜，投射到感光元件矩阵上，感光元件可以是CCD/CMOS 或者是 PSD 元件。反射光线的强度取决于被测物体的表面特性。

激光传感器探头到被测物体的距离可以由三角计算法则精确得到。采用这种方法能够得到微米级的分辨率。根据不同型号，测量得到的数据会由外置或内置控制器通过多种接口进行评估。

激光传感器投射到被测物体上形成一个可见光斑，通过这个光斑可以非常简便地安装调试探头，因此激光传感器被应用到非常多的领域，成为精密距离测量的热门选择。根据不同设计，光学测量原理最大允许测量距离达到 1m。根据测量任务的需要，也可以选择非常小的量程，但是具有极高测量精度。或者选择大量程，但是测量精度会有所下降。

2）电涡流测距传感器

电涡流测量原理属于电感式测量原理。需要在可导电的材料内形成。给传感器探头内线圈提供一个交变电流，则在传感器线圈周围形成一个磁场。如果将一个导体放入这个磁场，根据法拉第电磁感应定律，导体内会激发出电涡流。根据楞兹定律，电涡流的磁场方向与线圈磁场正好相反，这将改变探头内线圈的阻抗值。而这个阻抗值的变化与线圈到被测物体之间的距离直接相关。传感器探头连接到控制器后，控制器可以从传感器探头内获得电压值的变化量，并以此为依据，计算出对应的距离值。电涡流测量原理可以运用于所有导电材料。并且由于电涡流可以穿透绝缘体，即使表面覆盖有绝缘体的金属材料，也可以作为电涡流传感器的被测物体。

电涡流传感器根据量程不同，传感器尺寸也会不同，一般量程越长，传感器尺寸就越大。因此，在小口径管道内检测上应用高的电涡流传感器选择上，由于受管道空间的限制，在满足精度、量程要求的基础上，应尽量选择尺寸较小的型号。

3. 电路系统

全程测厚电路系统包括电源模块、微控制器电路、AD采样转换电路、SD卡存储电路、里程编码模块电路、电磁定位模块、传感器模块。其中的传感器模块包括三组电涡流测距传感器和激光测距传感器，如图6-3-4所示。

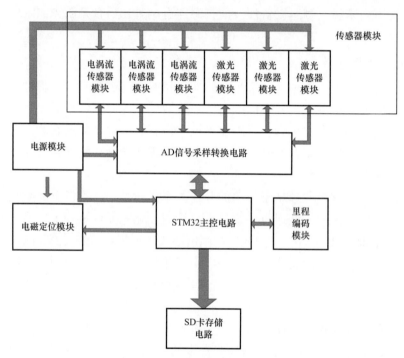

图6-3-4　传感器模块电路框图

全程测厚检测系统工作原理是：电源模块供给整个控制系统所需要的各种直流电源，如12V、5V、3.3V；设备正常行走于被测管道内时，系统的三组传感器模块同时开始工作。按照设定的采样频率，将每个传感器采集到的模拟数据信号分别传输给AD采样转换电路，AD采样转换电路负责将传感器模块采集到的模拟数据信号转换为数字信号，然后将数字信号按照一定的通信协议发送给STM32主控电路，STM32主控电路按照约定的通信协议，一方面控制AD采样转换电路的数据采样转换速度，另一方面，把接收到的数字信号实时存储到SD卡存储电路。STM32主控电路同时实时采样里程编码模块电路的数据，从而判断检测系统是否在管道内正常行走。当检测到出现异常卡堵时，STM32主控电路控制开启电磁定位模块，即可方便查找到异常卡堵点。

里程编码模块电路提供全程精确里程数据，为传感器采样数据做里程数据轴及异常点定位数据。当遇到紧急情况，出现严重卡堵，使得设备完全无法行走时，则可通过电磁定位模块查找检测设备被卡堵的位置，进行开挖验证并取出设备。检测结束后，可通过将 SD 卡数据导入相应的上位机系统，查看检测数据。发现异常点时，可通过其视频上编码轮的计数值，计算出异常点的准确位置，方便下一步内防腐层开挖验证或修复。

全程测厚检测系统中传感器的具体测量、计算原理是：将一个电涡流测距传感器和一个激光测距传感器固定装在同一个车体内的同一轴线上，如图 6-3-5 所示，T 时刻，编码轮计数值是 S_1，此时，对应涡流测距传感器的数值为 L_1，激光传感器的数据为 L_2；T' 时刻，编码轮计数值是 $S_1+\Delta S$；涡流测距传感器的数值为 L_1'，激光传感器的数据为 L_2'；此时，激光传感器所测试到的数据，刚好是钢管对应 S_1 位置处的数据。所以，S_1 位置处的涂层厚度值 H 为：$H=L_{1(S_1)}-\left[L_{2(S_1+\Delta S)}'-\Delta L\right]$ [$L_{1(S_1)}$ 表示编码轮的计数值为 S_1 处时，电涡流的采样值；$L_{2(S_1+\Delta S)}'$ 表示编码轮的计数值为 $S_1+\Delta S$ 处时激光传感器的采样值]。传感器的安装示意图如图 6-3-5 所示。

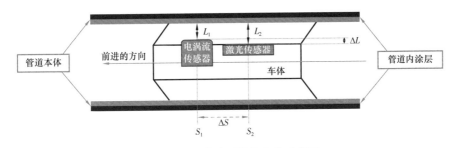

图 6-3-5　传感器模块安装示意图

另外两路传感器的测试计算原理与上述相同。由以上三组传感器同时测量，从而实现管道内壁三个不同方向上涂层厚度的全程测量。

4. 设备结构

电气元件和电路确定后，需要考虑其载体，也就是机械结构。由于整个检测系统的运行是处于管道中且处于运动状态，那么搭载测量模块、电路系统等模块的机械结构设计，就应该考虑长庆油田管道陡坡多、转弯半径小、横跨大、管道距离长等综合特点来进行。

管道涂层测厚检测器的结构包含四节单车，如图 6-3-6 所示，按照 1 为头车，4 为尾车的顺序依次排列。相邻两个车体之间由软连接万向节 5，通过螺纹将各车单连接成一字形整体。其中，1 为电磁定位车，2 为电路车，3 为传感器车，4 为电池电源车，5 为万向节，6 为行程轮组件。

整车设计因素主要考虑以下几个方面。

1）车体空间及结构设计

车体空间和结构设计需考虑已选型的传感器、放大器、确定尺寸的电路板、电源、内存卡、按钮等元件的可靠装配要求，并且各组件必须能够承受管道在行走过程中产生的冲击、振动以及灰尘等小颗粒物的影响。

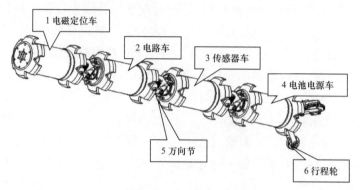

1 电磁定位车
2 电路车
3 传感器车
4 电池电源车
5 万向节
6 行程轮

图 6-3-6　设备结构图

2）传感器车体

由于涡流测距传感器的特性，传感器车体必须用高强度非金属支撑，因此采用精密打印的工程 ABS 作为传感器支架，搭载高精度涡流测距传感器和高精度激光测距传感器为主要测量执行单元，外侧设有防尘保护罩。选用钛合金为车体外壳材质，既能使车体强度较高，也可实现轻量化目的，更有利于在各种坡度、弯度的管道中非常平稳地行走。

3）采集数据放大模块及数据存储模块

由于涡流传感器采集到的涡流信号非常弱，需经过放大千倍，以及内弧形复杂算法，才能获得任一距离的有效输出电压。因此，将放大器集成电路板以及激光、涡流传感器数据存储模块电路板，布置在同一车体的有限空间内，可有效保证整个设备在运行过程中的数据采集与存储。

4）线路的连接

各车体信号的传输、电力供给都是通过线缆连接。那么，如何将这些连接的线缆保护起来，并能够承受一定的拉力呢？而管道中的坡道、弯道较多，线缆的连接不能用刚性连接装置。因此设计了一种新型的柔性连接装置，是由受力单元柔性万向节以及中空过线单元波纹管组成，既保护线缆在设备行进时的拉力损坏，也可保证在设备转弯时的柔性活动状态。

三、电磁涡流内腐蚀检测技术

1. 检测原理

载有交变电流的线圈会产生交变磁场，当线圈置入管道时，管道会感生出涡流，涡流的大小和相位受管道内外缺陷的影响，而涡流的反作用磁场又使线圈的阻抗发生变化，进而通过线圈阻抗变化来判断管道的腐蚀情况，如图 6-3-7 所示。该技术具有灵敏度高、检测设备可小型化等优点。但存在涡流对铁磁材料穿透力弱、只用来检查管道表面的腐蚀状况。并且如果在管道内壁腐蚀产物中存在磁性垢层或存在磁性氧化物，会给测量结果带来误差等缺点。

2. 设备结构

（1）涡流探头设计。

良好的探头设计和适宜的探头结构形式，能使原本不易探测的缺陷信号得以增强，使之易于被发觉。它的设计取决于被检材料材质、物理尺寸、检测速度等参数。对于小口径管道内腐蚀检测设备，通过对原理和结构进行改进和优化，采用近场电磁检测原理的涡流探头进行制作，并在电路设计上充分考虑了和探头的良好的电气匹配性，让探头检测到的信号无失真地进行放大和采集。

为实现小口径管道内腐蚀检测，在满足检测需求的情况下，尽量减小探头的长度和直径，因此通过采取增强线圈电流的方式，弥补探头缩小后磁场的衰减。目前优化改进后的探头能在最小管径 DN80 中，顺利通过 4D 弯头，完成管道内缺陷的检测。

（2）中间连接单元。

中间连接单元主要用来连接前后功能模块，并且中间中空，线缆能够顺利通过。中间连接单元可以弯曲一定角度，所以整套设备可以呈蛇状，可以顺利通过管道弯头部位。

由于不锈钢波纹管轴向延伸有限，易出现拉伸过度，造成损坏；尼龙塑筋波纹软管较脆，在较低温度时，易出现折断，容易使水渗入设备内部；铝合金十字万向节存在一定死角，通过弯头时易出现卡滞；因此选用硅胶网纹软管作为设备中间的连接单元，织物呈网状夹在硅胶层内，具有较好的柔韧度和抗拉伸性能，且软管可以任意角度弯曲，软管两端和功能模块连接处采用了双锥面压紧结构，保证了严格的水密封要求。

（3）密封结构优化设计。

由于检测设备的工作环境是油田的在役管道，管道内有水、原油等介质，工作环境非常复杂和苛刻。同时由于本检测器是依靠水或者原油作为推动动力，因此检测器必须防水和耐压。因此在进行结构设计时，必须充分考虑设备的防水和耐压。

为了达到更好的防水和密封效果，各单元车体外壳采用如图 6-3-8 所示的端面密封结构，由圆柱车体、端盖和端盖上的密封圈组成，圆柱车体和端盖间采用螺纹旋拧紧固方式，使密封圈与两零件端面接触并受压变形，起到密封效果，但是螺纹旋紧的方式无法提供密封圈准确和长期稳定的压缩量，一旦密封圈压缩量过低，密封性能将受到较大影响。

（4）里程记录单元。

里程轮轴的旋转密封结构采用泛塞封密封形式，如图 6-3-9 所示，在低压或零压力时，金属弹簧提供主要的密封力，随着检测压力升高，主要的密封力由检测压力来提供，这样保证了从零压到高压都是紧密的密封，该密封结构小，密封效果好，动态负载下最高使用压力可达到15MPa。

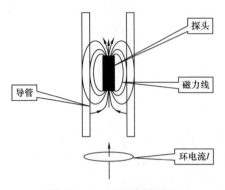

图6-3-7　涡流检测原理　　　　　　　图6-3-8　端面密封结构

优化里程轮轴的动密封结构，同时通过改变零件组合结构，进一步减小零件厚度的方式，对里程计外形进行进一步减小，并采用边缘台阶加圆弧设计，避免零件侧面与管壁碰撞的情况出现。为避免单轮打滑产生误差，采用了三个里程轮同步行进。在保证不会出现干涉的情况下，一个检测设备可安装两组里程计，如图6-3-10所示，同时在电路板上再增加一组里程记录通道。双里程计在检测中可对定位数据进行相互校准，进一步提高检测的定位精度。

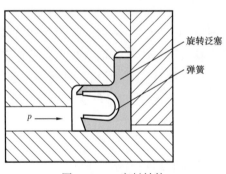

图6-3-9　密封结构　　　　　　　　图6-3-10　双里程计结构

参 考 文 献

［1］卢永，雷艳新，李文星．交流电位梯度法在埋地钢质管道外防腐层检测中的应用［J］．全面腐蚀控制，2015，29（8）：79-82.

［2］司永宏，牛卫飞，王世来．交流电流衰减法（PCM）在埋地管道防腐层检测中的应用［J］．化学工程与装备，2008（10）：99-101.

［3］颜本翔．直流地电位梯度法和密间隔电位测试法组合（DCVG-CIPS）检测技术应用研究［J］．石化技术，2022，29（3）：69-70.

［4］滕延平，张丰，赵晋云，等．杂散电流干扰下管道密间隔电位检测数据处理方法［J］．管道技术与设备，2009（4）：29-31.

［5］辛君君，董甲瑞，黄松岭，等．油气管道变形检测技术［J］．无损检测，2008（5）：285-288.

［6］刘斌，杨理践，康宜华.长输油气管道漏磁内检测技术［M］.北京：机械工业出版社，2017.

［7］邱光友，王雪.油气管道内检测技术研究进展［J］.石油化工自动化，2020，56（1）：1-5.

［8］辛佳兴，陈金忠，李晓龙，等.油气管道内检测技术研究前沿进展［J］.石油机械，2022，50（5）：119-126.

第七章　管道修复技术

油气管道在建设和运行过程中，由于人为和外部环境因素造成的管体缺陷，会严重影响管道的安全性，对管道缺陷或损伤采用合适的方法进行修复是确保管道安全运行的重要技术措施，是延长管道使用寿命的重要技术手段，同时也是管道完整性管理中减缓管道运行风险的重要环节。

管道修复是指对存在管体缺陷、破损、泄漏的油气管道，采取各种技术使其恢复正常的使用功能。在国外一般被称为 3R 技术，即 Repair、Rehabilitation、Replace（修补、修复及更换管段）。修补多指管道日常的维护、维修以及泄漏事故发生时的抢险和临时性维修，而修复则属管道的永久性维修，国内也称为"管道大修"。在管道大修中，不仅要对管道防腐涂层进行修复和更换，最重要的是对管道的管体缺陷进行永久性修复。管道修复的技术较多，在计划修复之前，需要针对自身的管道状况，在对待修复管道的缺陷检测、评价及定位的基础上，评估不同的管道修复方案的有效性、长期性、可靠性、安全性和成本，从而确定最适合的修复方案。修复技术包括内修复与外修复两种方法。管道内修复以不开挖、少开挖为修复原则，外修复以不停输、不动火为修复原则，具体的修复方法包括聚乙烯管内穿插、复合材料和钢质环氧套筒等多种不同的方式[1-2]。

复合材料和钢质环氧套筒由于其具有可不停输、无须在管壁上直接焊接等优点，在油田管道的外修复中得到了推广应用。但国内目前尚无统一的管道外修复效果评价标准体系。基本是各家修复公司针对自己的产品特点，采用各自的修复手册进行现场修复施工，导致同一种修复方式，不同的修复厂家施工，修复效果参差不齐。因此，长庆油田为了验证管道外修复技术的可靠性，近几年开展了玻璃纤维复合材料和钢质环氧套筒修复技术的研究评价工作。

第一节　常见管道修复技术

一、管道内修复技术

常见的管道内修复方法主要有：内衬不锈钢修复技术、水泥砂浆衬里技术、三层复合衬里技术、裂管法管道更新技术、聚乙烯管内穿插技术、复合软管内翻衬技术等[3-8]。管道内修复方法的具体选用，应在对管道整体情况做全面的调研和了解后，根据管道的大小、材质、缺陷程度范围差别以及经济效益等多方面进行综合考虑。

1. 内衬不锈钢修复技术

不锈钢内衬法，是在旧管道内部穿插内衬薄壁不锈钢管，或将不锈钢板采用卷板形式在管道内部进行焊接，整体成型。其不锈钢内衬层具有耐腐蚀、寿命长、承压高、内壁光滑、不易结垢等优点，管道内衬修复后能起到堵漏、提压、防腐、降阻的作用。不锈钢内衬管修复法作为大口径管道修复的内衬材料，适用于目前所有材质的管材。

2. 水泥砂浆衬里技术

水泥砂浆衬里技术是采用各种成型工艺将搅拌好的水泥砂浆，按设计厚度要求分一次或多次涂衬在清理过的管道内壁上，经过一定时间养护后，形成一个与管道内壁紧密结合的高强度圆壳体内衬层，利用水泥砂浆特有的碱性和自愈性，使管道金属表面形成一层保护膜而不被腐蚀的技术。

3. 三层复合衬里技术

在原来旧管线内形成一个有聚合物砂浆—环氧鳞片涂料组成的复合衬里，构成钢管—衬里复合管。以原有管线为依托，以聚合物水泥砂浆、环氧胶泥、玻璃鳞片涂料为主材，采用"风送法"施工。该技术是将衬里的优良耐腐蚀性能和涂料的易施工性结合为一体而成的一种新型的防腐技术。

4. 裂管法管道更新技术

裂管法是管线替换的一种新技术，其原理是用一组割刀轮将原旧管道切开并胀扩后，同时回拉带入一根同管径或大一级的新管，以达到替换旧管道或扩容的目的。裂管法对地面造成的破坏小，无须过多的地面修复，是一种能扩容的非开挖技术，对环境造成的影响小。研究表明，裂管法非常适合更换管壁腐蚀超过壁厚80%（外部）和60%（内部）的管道。

5. 聚乙烯管内穿插技术

聚乙烯管内穿插技术是一种采用非开挖的方法对存在缺陷的管道穿插、衬装高密度聚乙烯（简称HDPE）管的管道内修复技术，修复后的管道同时具有钢管和HDPE管的综合性能。长庆油田对于聚乙烯管内穿插技术的应用，目前主要是针对在役含水油管道的内衬修复。

1）技术原理

利用高密聚乙烯（HDPE）材料的变形记忆性，将相应管径的聚乙烯管采用多级等径压缩或"U"形折叠两种方法，在牵引设备的牵引作用下，将聚乙烯管植入经过清洗通径后的管道内，高密度改性聚乙烯管恢复原物理特性，外壁与待修复主管道内壁紧密贴合，从而达到防腐及修复目的。

2）工艺流程

（1）缩径工艺：旧管线检测与评估→制订施工方案→清理→接头安装→缩径穿插→

卸载恢复→焊接→焊口探伤→试压→交付。其适用管线范围为 DN50～DN375，一次修复距离为 100～500m，施工过程如图 7-1-1 所示。

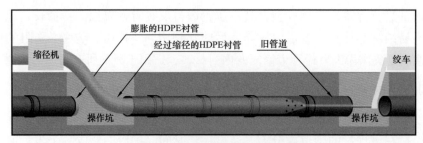

图 7-1-1　缩径工艺施工示意图

（2）"U"形折叠工艺：旧管线检测与评估→制订施工方案→清理→接头安装→"U"形折叠穿插→打压恢复→焊接→焊口探伤→试压→交付。其适用管线范围为 DN150～DN500，一次修复距离最长可达 6000m。施工过程如图 7-1-2 所示。

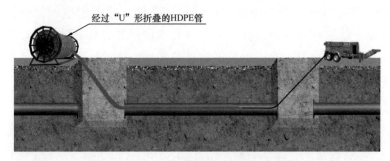

图 7-1-2　"U"形折叠工艺施工示意图

3）技术特点

能充分发挥主管（钢管）和内衬管（非金属管）材料的特点，对钢质旧管道的腐蚀穿孔和焊缝裂纹具有"桥接"功能。由于其内衬管较厚，且材质光滑，因此具有一定的耐压能力，修复后的管道具有低摩阻且不滋生细菌等优点，耐 Cl^-、CO_2、H_2S 等腐蚀，耐磨性好。但存在连接工艺复杂，聚乙烯管接口多，补口和弯头处施工要求高；管道缩径，小口径管道输量受影响等不足。

6. 复合软管内翻衬技术

复合软管内翻衬技术是以旧管道作为内衬管的翻衬通道和成型模板，利用翻转器，采用压缩空气（或水）并辅以其他方式为驱动力，将浸透专用树脂的纤维增强复合软管翻转衬入被修钢管内，用加热固化法使衬管的树脂固化，与原管道构成钢塑复合管，从而实现在不破坏自然地貌和原管道的前提下对原管道进行修复。

1）工艺原理

采用带有防渗透层并浸透专用树脂的纤维增强软管作为内壁衬管的成型材料，将管道本体作为内衬管的翻衬通道和成型模板，采用气压（或水压）将软管翻转并送入到经过清洗通径后的管道本体内，使软管的浸树脂层朝外贴于管道内壁，防渗透层朝里成为新管道的内壁表面。用加热（或室温）固化法使衬管的树脂固化，与原管道构成钢塑复合管，原管道起维护支撑作用，衬里层起加固、修复、补强和防腐作用。

2）工艺流程

内翻衬工艺流程：管线探测→管线清理→挖操作坑、切断管线→软管浸胶→软管翻衬→端头处理→打压固化→质量检验→管段连接→打压试验→外补口。

3）技术特点

复合软管衬里层连续完整，强化了管道的整体功能，抗腐蚀能力和承压能力好，有一定的过弯能力。由于内衬层光滑，可减少输送阻力，提高输送量 5%～10%，同时能防止垢层的附着，具有突出的防结垢性，可降低管道运行成本。缺点是施工工艺较复杂，弯头处施工不易，对钢管内壁清理要求高，树脂胶黏剂现场配制会受环境条件的影响，而且不能修复严重受损的石油管道。

二、管道外修复技术

目前管道外修技术常见的主要有：换管、打磨、焊接、机械夹具、焊接套筒、防腐层修复、复合材料修复、环氧钢套筒等[1-2, 9-17]。管道外修复方法的具体选用，是建立在对管道缺陷进行检测和评价的基础上的，通过确定待维修缺陷的位置、类型和大小，为缺陷的评价提供基础参数，根据缺陷评价结果及缺陷修复的响应机制（立即响应、计划响应、进行监测），制订修复工作计划，编制修复实施方案，按照修复计划和实施方案开展管道缺陷修复工作，并做好工程质量的监控和验收。

1. 换管

在有些情况下，去除含缺陷的管段，焊接一段经过质量检查的新管段替换原来的含缺陷管道，可以一次解决修复段所存在的所有问题，而且是永久性的。因此换管方法仍然是一种常见的管道缺陷维修的方法。换管需要对油气管道进行停输，如果需要不停输更换管道，则需要采用管道不停输封堵技术与设备，先将换管段两端分别用旁通管接通，以旁通管线输送介质，然后封堵主管线，进行换管作业，待新管段与主管线连头后，解除封堵，切换至新管段正常输送，最后拆除旁通。

2. 打磨

对于部分缺陷，可以通过手挫或电动盘式打磨机打磨管道表面，消除掉缺陷或瑕疵的应力集中效应，消除所有受损或硬度过大的材料。打磨方法是一种普遍接受的适用于表面缺陷和在某些情况下用于修复中等程度的缺陷的方法。

3. 焊接

焊接是最常用的管道修复方法，尤其对压力较低的管道，焊接仍然是最主要的修复方式。其特点是简单易用、修补成本较低。但是缺点也同样明显，对于不能停工的管道进行修补时，存在着管壁烧穿（爆裂）、氢脆的风险，极易造成焊道下裂纹，而且一旦焊接部位管道腐蚀穿孔，原管道外壁与补强钢板之间将会形成带压腔体，由于未焊透，焊缝极易被拉裂，造成更大的损失。因此在焊接修复之间，需要评估这些风险因素。

4. 机械夹具

机械夹具修复方法的原理是把机械连接的金属夹具包覆在管道受损处，恢复管道的承压能力。常见的机械夹具有螺栓夹具、针孔堵漏夹具等，其优点是不需要在管体上进行焊接，避免了焊穿和发生氢脆、冷脆的风险，并且连接安装方便，适用于临时抢修。

5. 焊接套筒

1）A 型套筒

A 型套筒是由安装在管道缺陷部位的两个半圆柱管或两个弧面组成，通过全焊透或单面角焊连接起来。末端不焊接到输送管道上，但是应该完全密封，以防止水进入管道和加强套筒之间。加强套筒不能承受压力，仅仅用于非泄漏缺陷。为了更有效，A 型套筒应在缺陷部分进行加固，尽可能阻止它呈放射状膨胀。在安装套筒时，应降低运行压力，在环形空间内使用不可压缩的树脂填充物会使修复效果更好。A 型套筒的优点：无须焊接在输送管道上。A 型套筒的缺点：（1）对于环形缺陷不推荐使用此种套筒；（2）不能修复任何泄漏缺陷或立刻要泄漏的缺陷。

2）B 型套筒

修复缺陷时端部焊接到输送管道上的套筒称为 B 型套筒，它由两个半圆柱或两个弧面组成，采用和 A 型套筒相同的安装方式。B 型套筒可以带有压力和（或）承受施加在管道上的横向载荷产生的纵向应力，它可以修复泄漏并加强环形缺陷。有时用来修复非泄漏缺陷的 B 型套筒通过开孔对管道和套筒进行加压，从而减少缺陷部位的环向应力。B 型套筒的优点：（1）可以用来修复大多数类型的缺陷，包括泄漏；（2）可以用来修复环向缺陷；（3）可以通过金属损失内检测器轻易检测出此种修复；（4）套筒和输送管道之间的环形空间被保护起来以免腐蚀。B 型套筒的缺点：（1）当用非低氢焊接程序焊接在役管道时，可能存在周向填角焊引起的延迟裂纹；（2）修复时，需要考虑降低流速和运行压力。

6. 防腐层修复

管道防腐涂层修复分为机械化修复和人工修复，具体方法的选用取决于管道的实际情况。人工修复的优势比较灵活，但施工质量和速度与操作人员的水平和熟练程度密切相关。机械修复无论在质量和速度上都优于人工修复，但其修复成本较高，对管道状况、周围环境以及修复人员的素质等条件的要求也相对较高。管道修复工程所用防腐材料的性能一般与新建管道的要求相同，但还需考虑管道所处的地理位置环境、管道原有涂层类型、管道运行条件、重新涂敷方法、涂层的适用条件、涂层材料成本以及管体表面预处理条件、重敷周期（回填时间）、应用装置的复杂性、新老涂层材料的化学兼容性等因素。

7. 复合材料

复合材料管体缺陷补强修复技术，是 20 世纪 90 年代开始，在北美应用的一种管体缺陷免焊接补强维修技术，主要用于深度不大于 80% 管道体积型缺陷补强修复。由于其具有比强度、比模量高，可不停输、避免焊接不动火施工，既可适用于各种管径的直管段，也可用于弯头、三通等异型件缺陷的修复等优点，在油气田管道修复中得到应用。其根据使用的纤维材料和工艺方法不同，主要分为碳纤维、玻璃纤维、芳纶纤维三大类。但无论是哪一种复合材料补强修复技术，其基本修复结构通常由纤维布 + 补强粘胶 + 高强填料三层结构组成。在施工现场，使用粘胶充分浸润补强纤维布，然后将浸润了粘胶的纤维布，缠绕在管道修复部位，在一定温度和时间下，粘胶固化后即形成补强复合材料。

8. 钢质环氧套筒

钢质环氧套筒是利用钢质套筒进行环向增强和抗弯能力增强，通过向缝隙填充环氧类高抗压强度填充材料，将管道径向膨胀和环向应力传递到外部钢质套筒，恢复管道的正常承压能力。钢质环氧套筒主要用于各类钢质管道缺陷的永久性修复，在有缺陷管道上方几毫米远的地方安装管套"外壳"，使用螺栓固定在缺陷管道上，然后焊接侧缝，并通过涂抹填充物的方式，密封焊缝，在末端密封材料固化后，把环氧树脂挤入环形空隙中，直到它从管套顶部的溢出孔中溢出，如图 7-1-3 所示。其修复机理是通过固化的环氧树脂填充料，抑制缺陷管道的放射性扩展倾向。

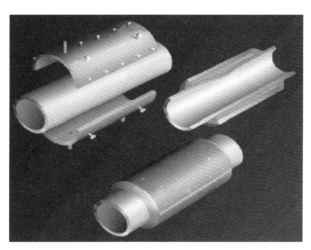

图 7-1-3　环氧钢壳复合套管安装示意图

相比于传统套管修复技术，即在紧贴缺陷钢管外壁，直接焊接钢套管的修复方式，钢质环氧套筒修复技术具有许多优点。

（1）传统工艺的钢套管焊接需要很高的操作技能。在运行管道上焊接，本身就是一项细致的工作，尤其内外腐蚀使管壁已经变薄的部位，就更需加倍小心，而钢质环氧套管无须在管壁上直接焊接，操作过程不要求太高的技能。

（2）传统工艺的钢套管焊接前，需进行复杂的计算和试验，通常要借助计算机，费时费力。焊接过程中的管壁温度超过熔点，会发生"熔穿"，而管壁温度是管内介质种类、压力、流速、温度和管外气温、风速、湿度、气压的多元函数，其计算相当繁杂。焊接热还可能使管内介质汽化导致内压升高，加之焊接过程中管壁强度会降低，从而发生"爆管"。对于一些热敏介质还要严防焊接热导致介质变质。而钢质环氧套管无须在管壁上直接焊接，杜绝了焊接操作的各种风险。

（3）传统工艺的钢套管焊接前，为防止发生带压流体泄漏的灾难事故，往往要求管道减压运行，对正常的生产造成较大的影响，而钢质环氧套管无须在管壁上直接操作，对管道正常运行基本上没有影响。

（4）传统的修复工艺要求焊接钢套管紧贴钢管外壁，对弯管等异型管段和有较高焊缝的直管上的缺陷，由于无法制备合适的钢套管而无法修复，往往只好整段更换，由于钢质环氧套管钢壳与管道间的间隙，可在相当大的范围内调整，因此，本工艺也可适用于异形管段和有较高焊缝的直管段的修复。

（5）对于内腐蚀造成的管壁减薄，传统工艺无法阻止腐蚀的继续进行，有时钢套管又很快减薄，需再次修复。钢质环氧套管在管壁腐蚀穿孔后由环氧填胶接触腐蚀介质，而环氧填胶耐化学性极好，可使腐蚀得到彻底抑制。

第二节　复合材料外补强修复技术评价

一、评价方法介绍

静水压测试复合材料有效性验证方法是选取一根试验管件，在管件上制作试验缺陷，用复合材料进行缺陷补强修复，在缺陷处管材表面和复材表面布置应力测试片，通过逐步升压的方式，获取管材表面和复材表面压力数据，进行复合材料修复效果评价[18-24]。

1. 测试方案

选取一根 X60 钢管件，长度 3.5m，管径为 ϕ508mm，壁厚 9mm，缺陷深度为 70% 壁厚，缺陷尺寸为 110mm×70mm。在缺陷处布置应力测试片，并初步升压至 1.5MPa，获取缺陷原始数据，在缺陷处安装高强玻璃纤维复合材料（8 层）[25]，然后在复合材料表面布置应力测试片，升压至 1.5MPa，稳压 10min，然后升压 3MPa，稳压 10min，然后每次升压 2MPa，稳压 10min，直至升至 20MPa，稳压 1h。

2. 测点通道布置

根据有限元模拟结果，测点位置的布置可参考图 7-2-1 进行。测点 1（通道 1、通道2、通道3）为花片，位于玻璃纤维补强区域壁厚减薄70%缺陷内中部，测点2（通道4、通道5、通道6）为花片，位于玻璃纤维补强区域缺陷外部棱角位置，测点3（通道7、通道8）为"L"形片，位于玻璃纤维缠绕层边缘，被覆盖在缠绕层内，贴在管件上，测点4（通道9、通道10）为"L"形片，位于远离补强区域，为参考点，测点5（通道11、通道12）为"L"形片，位于玻璃纤维补强层上，测试在打压过程中玻璃纤维补强层的应力；测点6（通道13、通道14、通道15）为花片，位于玻璃纤维补强层边缘，在补强层外，贴在管件上，与测点3形成对比。

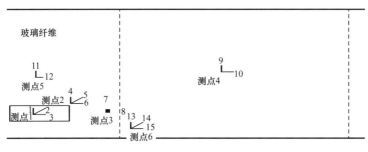

图7-2-1　测点通道布置图

二、修复效果分析评价

1. 补强前静水压测试结果分析

由补强前静水压力测试结果得出，在静水压力为1.5MPa时，各测点周向应力远大于轴向应力（表7-2-1）。比较各测点的周向应力和综合应力，位于待补缺陷内测点1的周向应力和综合应力，远大于其余测点的周向应力和综合应力，说明壁厚减薄导致测试应力增大，剩余强度降低。位于缺陷外部棱角位置测点2的周向应力为42.1MPa，大于参考位置测点4的周向应力，说明缺陷外部棱角位置在缺陷的影响范围内。位于补强缠绕层边缘处的管体应力测点3的周向应力为37.2MPa，与远离缺陷位置的参考测点4的周向应力35MPa基本接近，说明预补强区域范围选择满足补强范围要求。

表7-2-1　补强前静水压测试结果表

测点	通道	应变片方向	静水压力 1.5MPa		花片综合应力 /MPa
			应变 /με	单向应力 /MPa	
1	1	周向	875.8	195.00	172.0
	2	45°	486.9	—	
	3	轴向	38.8	66.30	
2	4	周向	203.3	42.10	56.1
	5	45°	−65.7	—	
	6	轴向	−39.1	4.86	

续表

测点	通道	应变片方向	静水压力 1.5MPa		花片综合应力 /MPa
			应变 /με	单向应力 /MPa	
3	7	周向	176.3	37.20	
	8	轴向	36.7	19.70	
4	9	周向	151.0	35.00	30.3
	10	轴向	27.7	16.00	

通过对管件补强前的静水压测试结果进行分析，得出以下结论：在静水压力下，管件主要受周向力作用，壁厚减薄导致缺陷部位应力增大，剩余强度降低。缺陷内部测点的轴向应力比其余测点的轴向应力大，但仍以周向应力为主。缺陷外部棱角部位受力受到缺陷影响，比远离缺陷位置的参考点应力偏大。

2. 复合材料补强后静水压测试结果分析

1）位于补强层边缘，分别在补强层内、外且贴在管件上的测点 3 和测点 6

由于两个测点很接近，如果没有补强层的影响，这两个测点的应力应该比较接近。因此，通过比较两个测点的应力曲线，可以有效地说明补强效果。由这两个测点的 Von Mises 应力随静水压力变化曲线（图 7-2-2）可知，位于补强层外侧的测点 6，其应力大于位于补强层内测点 3 的应力，且随着静水压力的增加，两个测点的应力差增大。当静水压力为 10MPa、15MPa 和 20MPa 时，两个测点的应力差分别为 20.7MPa、50.9MPa、256.9MPa。这是由于补强层分担了测点 3 的部分载荷，从而起到补强作用导致的。

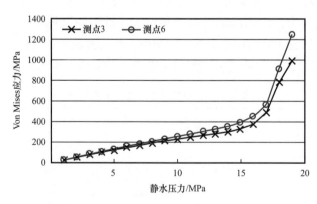

图 7-2-2　玻璃纤维补强层边缘内、外贴在管件上测点 Von Mises 应力曲线

由两个测点应力差随静水压力变化曲线（图 7-2-3）可知，当静水压力大于 18MPa 时，应力差急剧增加。因此，管体整体屈服时的静水压力为 18MPa，也就说明当补强区域发生塑性变形时，玻璃纤维补强层的补强效用会得到很大的提升。

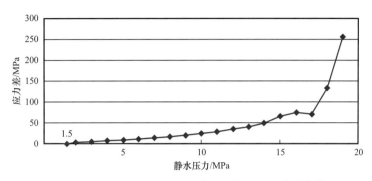

图 7-2-3　测点 3、测点 6 应力差与静水压力变化曲线

2）静水压力为 1.5MPa 时，补强前后缺陷部位测点应力变化比较

由于补强前后两次静水压力加载，条件有所差异，为保证前后两次载荷测得的数据在同一载荷等级下比较，可通过测点 4，在补强前测得的应力与补强后测得的应力之比，确定修正系数，进行测试应力修正，补强后测试应力乘以修正系数，得到补强后的修正应力值，见表 7-2-2。

由表 7-2-2 可知，减薄 70% 缺陷内部测点 1，补强后的应力是补强前的 39% 左右，顶角位置测点 2，补强后的应力是补强前的 55% 左右，可以得出，在 1.5MPa 压力下，玻璃纤维的补强效果较好。

表 7-2-2　缺陷相关测点补强前后应力测试结果比较

测点	应力方向	静水压			
		补前	补后	补后修正值	补后修正值 / 补前 /%
1	周向应力 /MPa	195.0	83.6	76.6	39.3
	Von Mises 应力 /MPa	172.0	73.2	67.1	39.0
2	周向应力 /MPa	42.1	35.8	32.8	77.9
	Von Mises 应力 /MPa	56.1	33.8	31.0	55.2
4	周向应力 /MPa	35.0	38.2		
	Von Mises 应力 /MPa	30.3	33.1		

3）位于缺陷顶角位置的测点 2 与参考测点 4 的比较分析

由于测点 2 位于缺陷的边缘，受缺陷的影响，在静水压力为 1.5MPa 时，其测试应力在补强前比参考测点 4 的应力大。补强后，在静水压力为 1.5MPa 时，测点 2 的 Von Mises 应力为 31MPa，小于参考测点 4 的应力值 33.1MPa，补强效果较好。为了研究玻璃纤维层的补强效果，进行了压力大于 1.5MPa 时，不同静水压力下，测点 2 和测点 4 的应力分析比较。

由 Von Mises 应力随静水压力的变化曲线（图 7-2-4）可知，当静水压力小于 12MPa

时，测点 2 在补强层的作用下，其应力曲线基本和参考测点 4 重合。说明当静水压力小于 12MPa 时，补强层的修复作用使受缺陷影响的测点 2 的应力与缺陷未影响的测点 4 的应力相同，可见补强效果很好。

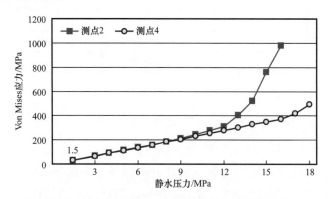

图 7-2-4　Von Mises 应力随静水压力的变化曲线

当静水压力为 7MPa 时，内部缺陷区域开始屈服，当为 12MPa 时，整个缺陷区域都发生屈服，当静水压力为 18MPa 时，管体开始屈服。对补强前后应力变化的测试，以及缺陷顶角测点与参考测点的测试应力比较分析，说明玻璃纤维复合材料具有较好的补强效果，但应力应变是钢材力学性能的根本表现，在进行缺陷补强修复时，应考虑缺陷的剩余强度。

三、修复作用机理

管道在运行中就会有圆周应力作用于管壁的各个方向，使得管壁处于膨胀状态。如果管壁的某个部位存在缺陷，缺陷部位将承受更大的压力，当压力超出安全范围，管线就会发生泄漏。玻璃纤维复合材料修复原理是，将玻璃纤维复材缠在管道缺陷外表面，复材与强力胶和填料一起构成复合修复层，缺陷管道修复后，缺陷部位承担的部分应力会传递到复合修复层，从而使管道缺陷部位承担的应力处于安全极限内，保证管道安全运行[26-28]。

由玻璃纤维复材修复后静水压测试应变与内压的关系曲线（图 7-2-5）可知，在内压 7MPa 时屈服，根据载荷分担比例 $E_C t_{min}/E_s t_s$，屈服之前载荷分担比例为复材∶缺陷 ≈1∶4.2。修复的缺陷屈服后，管件继续升压过程，载荷分担比例为复材∶缺陷 ≈47∶1，复材开始起主要承载作用，此时缺陷强化后弹性模量急剧变化，复材起到足够补强作用。继续升压，至 18MPa 时完好管体屈服，管体修复区域外发生明显鼓胀变形。

施加弯矩后，复材可以延迟管件缺陷部位的屈服，并使屈服后的管壁几乎不承弯，即复材作用依然是环向强度的分担，抑制鼓胀，完好管壁达到屈服后方能起到足够的分担作用，如图 7-2-6 所示。

综上所述，复合材料修复缺陷作用是依靠自身抗拉强度抑制缺陷鼓胀，控制缺陷鼓胀变形在安全范围以内，如图 7-2-7 所示。复合材料补强技术适合修复强度损失型缺陷，可以通过自身性能抑制缺陷发生鼓胀破坏，复合材料补强技术可以延迟缺陷屈服，并在屈服后分担主要载荷起到补强修复作用，复合材料不适用于扩展型缺陷的修复。

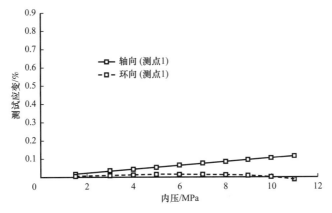

图 7-2-5　应变与内压的关系曲线

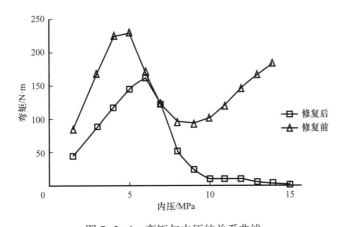

图 7-2-6　弯矩与内压的关系曲线

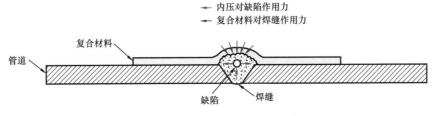

图 7-2-7　复合材料受力情况示意图

四、工艺适用性分析

依据标准 GB/T 1447—2005《纤维增强塑料拉伸性能试验方法》，采用 WDW3100 拉压试验机、应变测试系统（静态电阻应变仪、电阻应变片）、单向引伸计等测试设备，对未浸透工艺、不同湿度施工环境、不同含胶量、沙尘施工环境、正常浸胶和真空浸胶情况下复合材料制件的力学性能进行测试。测试流程为：（1）采用WDW3100拉压试验机完成拉伸过程，并采集试件轴向试验力；（2）采用单向引伸计，测试引伸计标距范围内制件的变形，计算得到标距范围内的轴向应变；（3）采用静态应变仪和电阻应变片组成的应变测试系统，测试制件的纤维横向应变变化。

1. 环境湿度的影响分析

不同湿度下玻璃纤维复合材料的抗拉强度如图7-2-8所示，高强玻璃纤维的抗拉强度随湿度的增加而减小。湿度的增加会导致高强玻纤布吸水量增加，虽不造成增强纤维自身的强度变化，但增加了树脂与增强纤维的结合难度，从而导致复合材料整体机械性能的下降。复合材料补强分载缺陷应力是均匀承载，在纤维与树脂结合不好的部位，会先于其他部位产生集中变形，发生补强失效。因此湿度是影响复合材料机械性能的主要因素之一。

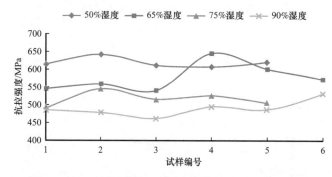

图7-2-8   不同湿度高强玻璃纤维复合材料抗拉强度图

2. 风沙的影响分析

为了分析风沙对复合材料机械性能的影响，将正常浸胶与风沙影响数据整合到一起，得出正常浸胶玻璃纤维复合材料沙尘影响抗拉强度对比，如图7-2-9所示，沙尘对高强纤维复合材料的机械性能有比较显著的影响。风沙会导致固化后的树脂内部存在空包，从而致使树脂对纤维的约束行为减弱，造成纤维丝最佳承力方向应力承载被削弱，应力集中先于预期发生，补强效果大打折扣。

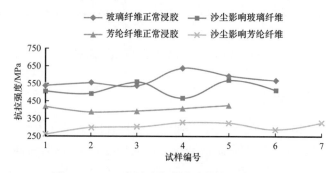

图7-2-9   正常浸胶沙尘影响抗拉强度对比图

3. 浸润程度的影响分析

为了分析浸润程度对复合材料机械性能的影响，将正常浸胶与未浸透胶时的抗拉强度数据整合到一起，得出玻璃纤维复材浸润程度影响抗拉强度，如图 7-2-10 所示，未浸透试样抗拉强度优于正常浸胶试样的抗拉强度。

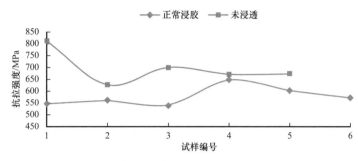

图 7-2-10　玻璃纤维复材浸润程度影响抗拉强度图

抗拉强度是指试样在拉伸过程中，材料经过屈服阶段后，进入强化阶段，随着横向截面尺寸明显缩小，在拉断时所承受的最大力（F_b），除以试样原截面积（S_0），所得的应力（σ），计算公式为：$\sigma = F_b / S_0$，其中截面积 $S_0 =$ 试样厚度 $d \times$ 试样宽度 l，$\sigma = F_b / (dl)$。则由定义可知，在试样宽度相同的情况下，测试的抗拉强度与拉伸最大力成正比，与试样厚度成反比。

正常浸胶和未浸透情况下，试样拉伸最大力和试样厚度情况如图 7-2-11 和图 7-2-12 所示，正常浸胶情况比未浸透情况，试样的拉伸力减小 21%，厚度减小 38%。试样宽度相同，厚度减小程度大于拉伸力减小程度，因此，未浸透抗拉强度相对正常浸胶情况增大。

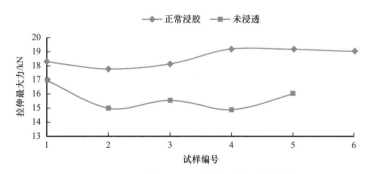

图 7-2-11　浸润程度对拉伸最大力影响图

综合分析得出，未浸透试样因树脂的缺失，未能对增强纤维起到很好的约束作用，未浸透处复合材料应力承载，先于预期发生应力集中，导致补强失效。

4. 复合材料含胶量的影响分析

含胶量对复合材料机械性能的影响是，随着含胶量的增加，高强玻璃纤维增强复合材料的机械性能降低，如图 7-2-13 所示。这是由于在复合材料中，增强纤维是应力的主要承载者，树脂主要是约束增强纤维的纤维方向，能在最大应力方向保证增强纤维的应力承载作用。若树脂含量过高，会使主要应力分布到树脂上，由于树脂的屈服强度远低于增强纤维，树脂会先发生断裂失效，进而造成对纤维约束力的失效，不被约束的纤维方向，与主要应力方向发生一定角度的偏离，在承载同样应力的情况下，纤维方向承载的力更大，先于预期产生应力集中，补强失效。

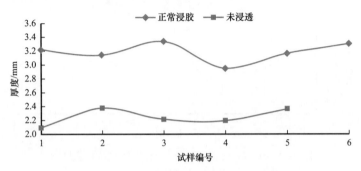

图 7-2-12　正常浸胶与未浸透试样厚度对比

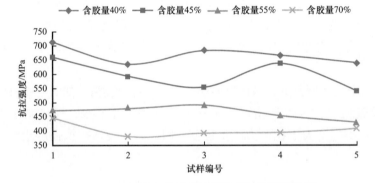

图 7-2-13　不同含胶量玻璃纤维复材抗拉强度图

理论上，在纤维完全浸透的情况下，树脂含量越少，越能发挥复合材料的机械性能，但 40% 含胶量是现有工艺的极限。

5. 施工工艺的影响分析

为了分析不同施工工艺对复合材料机械性能的影响，将普通工艺浸胶与真空工艺浸胶的数据整合到一起，得出普通浸胶和真空浸胶抗拉强度，如图 7-2-14 所示，真空浸胶工艺抗拉强度明显优于普通浸胶工艺。

6. 小结

综上所述，影响复合材料质量的因素主要为环境因素和人为因素，环境因素又包括贮存、运输过程的湿度影响和施工过程中的风沙影响。人为因素主要是施工过程中产生的影响。因此，根据实验室测试结果，为保证复合材料质量，应控制贮存、运输环节中湿度对原材料的影响，控制施工环节中风沙、粘胶浸润程度、粘胶与纤维比例等的影响。

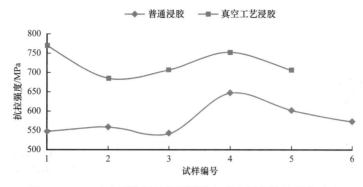

图 7-2-14　玻璃纤维复材普通浸胶与真空浸胶抗拉强度对比

（1）对复合材料质量产生影响的主要因素有：湿度、风沙、纤维浸润程度、粘胶与纤维比例；其中粘胶与纤维比例是影响复合材料机械性能的最主要因素。

（2）综合对比湿缠绕法、真空浸胶法两种复合材料补强技术工法，真空浸胶法因大大降低各影响因素的作用而保证复合材料发挥最佳性能，为最优的技术工法。

（3）根据实验室测试结果，复合材料修复中各参数最低要求为：

① 增强纤维存储环境湿度不大于 65%RH；

② 含胶量（粘胶质量／复合材料质量）不大于 55%；

③ 复合材料抗拉强度不小于 650MPa；

④ 复合材料弹性模量不小于 20GPa；

⑤ 现场应控制风沙及粘胶浸润增强纤维的程度。

第三节　钢质环氧套筒修复有效性验证

一、评价方法介绍

采用相控阵超声测试、X 射线探伤和磁粉探伤技术，对管件的环焊缝进行无损检测和缺陷评级；然后采用水压试验，评价含缺陷环焊缝的缺陷应力状态，对其中较严重管件的环焊缝，采用钢制环氧套筒技术进行补强修复；最后在低压 2.6MPa、最高运营压力 6MPa、水压试压压力 9.45MPa 和极限屈服压力 13MPa 等压力下，进行静压及相应的压力循环试验，分析采集应变数据，定量评价钢质环氧套筒在各类压力条件下的补强效果。压力波动测试管件制作方法如图 7-3-1 所示。

对管道焊缝缺陷处进行超声相控阵、磁粉检测、X 射线检测。钢质环氧套筒阻止缺陷扩展的验证，可通过整合修复前后检测数据进行对比分析，见表 7-3-1。

由表 7-3-1 可知，未修复的 1 号管段相控阵检测有 2 处缺陷，钢质环氧套筒修复的 2 号管段相控阵检测有 4 处缺陷，对比压力测试前后尺寸数据仅有非常微小变化，可认为是测量误差，说明相控阵检测出的缺陷打压后修复与否都无扩展，此结论与应变片测试结果相符。

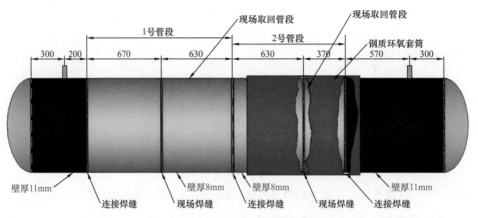

图 7-3-1　压力测试管件制作示意图

表 7-3-1　修复前后环焊缝检测数据对比分析案例表

缺陷编号	缺陷位置	压力测试前检测			压力测试后检测		
		缺陷尺寸 /mm	缺陷类型	测试方法	缺陷尺寸 /mm	缺陷类型	测试方法
1	1号管段	11	Ⅱ级内咬边	射线	100	Ⅳ级内咬边	射线
2	1号管段	2 点	Ⅰ级圆缺	射线	3 点	Ⅱ级圆缺	射线
3	1号管段	30	Ⅳ级未熔合	射线	10	Ⅳ级未焊透	射线
4	2号管段	10	Ⅳ级未熔合	射线	—	未发现	射线
5	2号管段	45（X）/ 23.0×6.4×3.2（U）	Ⅳ级裂纹（X）	射线、相控阵	7（X）/ 25.0×6.7×3.6	Ⅳ级裂纹（X）	射线、相控阵
6	2号管段	14（X）/ 27.0×6.8×3.6（U）	Ⅲ级内咬边（X）	射线、相控阵	6（X）/ 29.0×7.0×3.4（U）	Ⅲ级内咬边（X）	射线、相控阵
7	1号管段	5.0×6.5×3.0	–	相控阵	5.0×6.8×2.9		
8	1号管段	6.0×2.1×2.5	–	相控阵	6.0×2.7×2.2		
9	2号管段	13.0×6.9×3.3	–	相控阵	14.0×7.2×3.5		
10	2号管段	32.0×6.8×3.5	–	相控阵	31.0×6.8×3.7		

　　未修复的 1 号管段射线检测有 3 处需修复缺陷，钢质环氧套筒修复的 2 号管段射线检测有 3 处需修复缺陷，其中未修复缺陷由 11mm 长的内咬边（1 号缺陷）扩展为 100mm 长；未修复的Ⅰ级圆缺缺陷（2 号缺陷）扩展为Ⅱ级；而钢质环氧套筒修复的缺陷（5 号缺陷、6 号缺陷）均未扩展；且 5 号缺陷、6 号缺陷相控阵检测方法亦检出，对比测试数据压力测试前后没有扩展，与射线检测方法结论一致。可见，钢质环氧套筒修复对抑制缺陷的扩展具有一定效果。

二、修复效果分析评价

1. 内咬边缺陷的环向修复评价

为了研究钢质环氧套筒对内咬边缺陷环向修复效果，将检测出的内咬边缺陷修复前、后的应力数据进行整合，如图 7-3-2 所示。补强前内咬边缺陷环向应力在正常运营压力 6MPa 时，应力值未达到管件屈服压力，在最大试压压力 9.45MPa 和极限压力 13MPa 时，根据测试数据推算，内咬边缺陷已发生屈服。内咬边缺陷在钢质环氧套筒修复后，内咬边缺陷环向应力在正常运营压力 6MPa、最大试压压力 9.45MPa 和极限压力 13MPa 下，均被钢质环氧套筒抑制在屈服点以下。因此证明，钢质环氧套筒修复技术对内咬边缺陷环向应力具有一定的抑制作用，即在环向上具有一定修复效果。

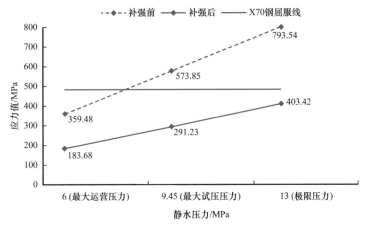

图 7-3-2　套筒补强前后内咬边缺陷在静水压下的环向应力图

为了研究实际运营压力在波动情况下钢质环氧套筒对内咬边缺陷环向修复效果，将检测出的深埋缺陷修复前、后的应力数据进行整合，如图 7-3-3 所示。补强前内咬边缺陷在 9.52MPa 时，达到屈服点。采用钢质环氧套筒修复后，模拟运营波动压力在 13MPa 极限压力下，内咬边缺陷环向应力仍为 351.6MPa，未达到屈服线，因此证明模拟运营波动压力下，钢质环氧套筒对内咬边缺陷环向应力具有一定抑制效果，即具备一定修复效果，与静水压测试结论一致。

通过对比静水压与模拟运营波动压力下测试数据，发现两者仅存在微小差异，在测试误差范围内，这也说明钢质环氧套筒在静水压与模拟运营波动压力下具备相同修复效果。

为了评价钢质环氧套筒对内咬边缺陷环向应力的修复效果，将补强后应力下降百分比定义为补强百分比［（修复前应力－钢质环氧套筒修复后应力）］/修复前应力，用以表征钢质环氧套筒修复效果，将内咬边缺陷环向补强百分比数据进行整合，如图 7-3-4 所示。在正常运营压力 6MPa 时，钢质环氧套筒对内咬边缺陷的环向补强比达到 48.90%，也就是说钢质环氧套筒修复内咬边缺陷后，使内咬边缺陷环向应力下降 48.90%，可见钢质环氧套筒对内咬边缺陷的环向修复效果非常显著。

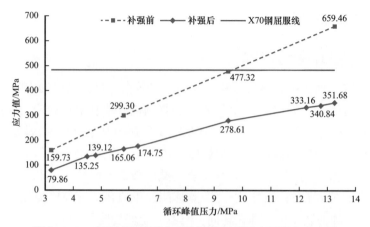

图 7-3-3　套筒补强前后内咬边缺陷循环压力下环向应力图

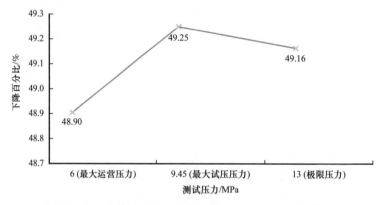

图 7-3-4　套筒补强前后内咬边缺陷环向应力下降百分比

2. 内咬边缺陷的轴向修复评价

为了研究钢质环氧套筒对内咬边缺陷轴向修复效果，将检测出的内咬边缺陷修复前、后的应力数据进行整合，如图 7-3-5 所示。在修复前和修复后，内咬边缺陷的轴向应力虽均未达到屈服点，但钢质环氧套筒修复对其轴向应力仍具有一定抑制作用。因此证明钢质环氧套筒对深埋缺陷轴向上具有一定修复效果。

为了研究实际运营压力在波动情况下钢质环氧套筒对内咬边缺陷轴向修复效果，将检测出的内咬边缺陷修复前、后的应力数据进行整合，如图 7-3-6 所示。修复前，模拟运营波动压力下，内咬边缺陷在极限压力 13MPa 时，轴向应力为 473.38MPa，接近屈服点。采用钢质环氧套筒修复后，在极限压力 13MPa 时，轴向应力为 215.17MPa，相对修复前有一定幅度降低。因此证明模拟运营波动压力下，钢质环氧套筒对深埋缺陷轴向应力具有一定抑制效果，即具备一定修复效果，与静水压测试结论一致。

通过对比静水压与模拟运营波动压力下测试数据，发现两者仅存在微小差异，在测试误差范围内，这也进一步说明钢质环氧套筒在静水压与模拟运营波动压力下具备相同修复效果。

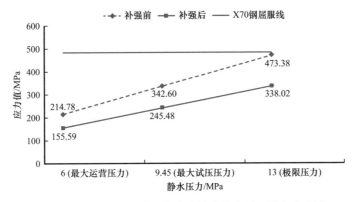

图 7-3-5　套筒补强前后内咬边缺陷静水压下轴向应力图

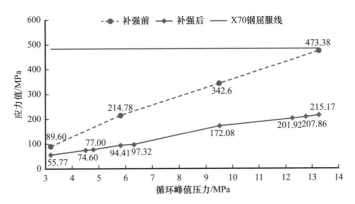

图 7-3-6　套筒补强前后内咬边缺陷循环压力下轴向应力图

为了研究钢质环氧套筒对内咬边缺陷轴向上修复效果，将内咬边缺陷轴向补强百分比数据整合，如图 7-3-7 所示。在正常运营压力 6MPa 时，钢质环氧套筒对内咬边缺陷轴向补强百分比达 27.56%，也就是说钢质环氧套筒修复内咬边缺陷后，使内咬边缺陷轴向应力下降 27.56%，可见钢质环氧套筒对内咬边缺陷的轴向修复效果非常显著。

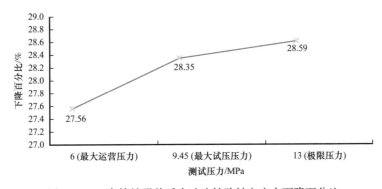

图 7-3-7　套筒补强前后内咬边缺陷轴向应力下降百分比

3. 裂纹缺陷修复效果分析评价

为了研究钢质环氧套筒对裂纹缺陷环向修复效果，将检测出的裂纹缺陷修复前、后的应力数据进行整合，如图 7-3-8 所示。补强前，裂纹缺陷的环向应力在正常运营压力 6MPa 时未达到管件屈服压力，在最大试压压力 9.45MPa 时，已接近屈服强度，在极限压力 13MPa 时，根据测试数据推算裂纹缺陷已发生屈服。修复后，裂纹缺陷环向应力在正常运营压力 6MPa、最大试压压力 9.45MPa 和极限压力 13MPa 时，均被钢质环氧套筒抑制在屈服点以下。因此证明钢质环氧套筒修复技术对裂纹缺陷环向应力具有一定程度的抑制作用，即在环向上具有一定修复效果。

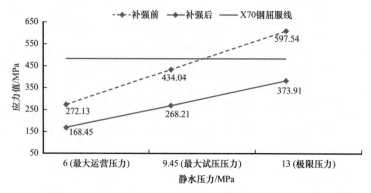

图 7-3-8　静水压下钢质环氧套筒修复前后裂纹缺陷环向应力图

为了研究实际运营压力在波动情况下钢质环氧套筒对裂纹缺陷环向修复效果，将检测出的裂纹缺陷修复前、后的应力数据进行整合，如图 7-3-9 所示。修复前，裂纹缺陷在 10.60MPa 达到屈服点。采用钢质环氧套筒修复后，在极限压力 13MPa 时，裂纹缺陷环向应力为 311.41MPa，未达到屈服值，因此证明在运营波动压力下，钢质环氧套筒对裂纹缺陷环向应力具有一定的抑制作用，即具备一定的修复效果，与静水压测试结论一致。

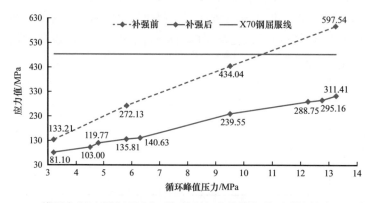

图 7-3-9　模拟实际运营波动压力下钢质环氧套筒修复前后裂纹缺陷环向应力图

为了研究钢质环氧套筒对裂纹缺陷环向上修复效果，将裂纹缺陷环向补强百分比数据整合，如图 7-3-10 所示。钢质环氧套筒在最大运营压力 6MPa 下对裂纹缺陷环向补强百分比达 38.10%，说明钢质环氧套筒修复裂纹缺陷后，使裂纹缺陷环向应力下降 38.10%，可见钢质环氧套筒对裂纹缺陷的环向修复效果显著。

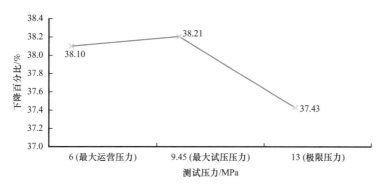

图 7-3-10　钢质环氧套筒对裂纹缺陷修复效果图

4. 未熔合缺陷修复效果分析评价

为了研究钢质环氧套筒对未熔合缺陷轴向上的修复效果，采用环氧套筒修复前和修复后的应力数据，表征钢质环氧套筒修复效果，将未熔合缺陷轴向补强百分比数据整合，如图 7-3-11 所示。在正常运营压力 6MPa 下，钢质环氧套筒对未熔合缺陷轴向补强百分比达 38.86%，也就是说钢质环氧套筒修复未熔合缺陷后，使未熔合缺陷轴向应力下降38.86%，可见钢质环氧套筒对未熔合缺陷的轴向修复效果非常显著。

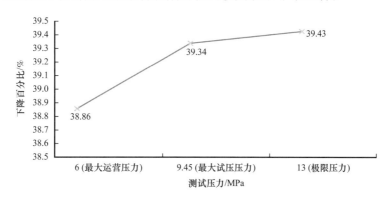

图 7-3-11　套筒补强前后未熔合缺陷轴向应力下降百分比

为了研究钢质环氧套筒对未熔合缺陷环向上修复效果，将未熔合缺陷环向补强百分比数据整合，如图 7-3-12 所示。在正常运营压力 6MPa 下，钢质环氧套筒修复工艺可使环焊缝未熔合缺陷的环向应力下降 47.75%，轴向应力下降 38.86%，证明钢质环氧套筒对环焊缝未熔合缺陷有显著的修复效果。

钢质环氧套筒修复后，在静水压和模拟实际运营波动压力下的环焊缝未熔合缺陷应力值基本一致，未显示出缺陷发展特征，说明钢质环氧套筒修复环焊缝未熔合缺陷的应力作用稳定，不随压力波动变化。

对于未修复的未熔合缺陷，对比其前后静水压测试值，发现轴向应力明显上升，环向应力基本无变化。未修复的未熔合缺陷，对比静水压和模拟实际运营波动压力下的测试值，发现波动压力较静水压力，环向应力最高增加 15.9%，轴向应力最高增加

39.38%，说明模拟实际运营波动压力下，未熔合缺陷有扩展趋势，且轴向扩展大于环向扩展。

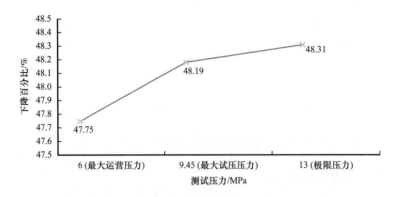

图 7-3-12　套筒补强前后未熔合缺陷环向应力下降百分比

5. 夹渣缺陷修复效果分析评价

为了研究钢质环氧套筒对夹渣缺陷环向上修复效果，将夹渣缺陷环向补强百分比数据进行整合，如图 7-3-13 所示。在正常运营压力 6MPa 下，钢质环氧套筒对夹渣缺陷环向补强百分比达 41.44%，也就是说钢质环氧套筒修复夹渣缺陷后，使夹渣缺陷环向应力下降 41.44%，可见钢质环氧套筒对夹渣缺陷的环向修复效果非常显著。

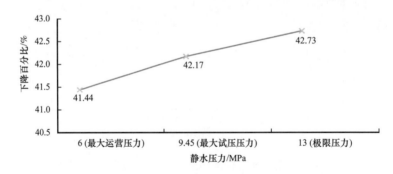

图 7-3-13　套筒补强前后夹渣缺陷环向应力下降百分比

为了研究钢质环氧套筒对夹渣缺陷轴向上修复效果，将夹渣缺陷轴向补强百分比数据整合，如图 7-3-14 所示。钢质环氧套筒修复后可使环焊缝夹渣缺陷环向应力下降 41.44%，轴向应力下降 31.00%，证明钢质环氧套筒对环焊缝夹渣缺陷有显著修复效果。

钢质环氧套筒修复后，静水压下及模拟实际运营波动压力下环焊缝夹渣缺陷应力值基本一致，未显示出缺陷发展特征，说明钢质环氧套筒修复环焊缝夹渣缺陷的应力水平作用稳定，不随压力波动变化。

6. 弯矩分担效果评价

内压＋弯矩测试，50%t 环向裂纹缺陷（平面型）在吊重 8.66T（弯矩约 58kN·m）、内压 13MPa 时没有任何变化，管体弯曲屈服，如图 7-3-15 所示。拆除修复的套筒，裂纹缺陷没有变化，如图 7-3-16 所示。

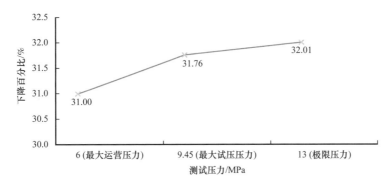

图 7-3-14　套筒补强前后夹渣缺陷环向应力下降百分比

图 7-3-15　管体弯曲屈服

图 7-3-16　管体裂纹缺陷没有变化

　　为了方便分析环向裂纹缺陷受内压＋弯矩测试影响，将打压数据进行整合，如图 7-3-17 至图 7-3-19 所示。

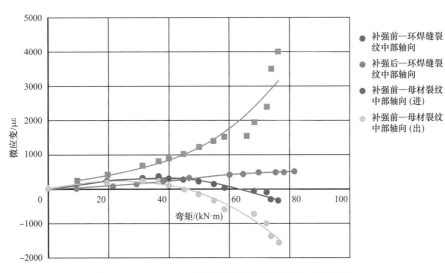

图 7-3-17　0MPa 下环焊缝裂纹中部轴向应变对比

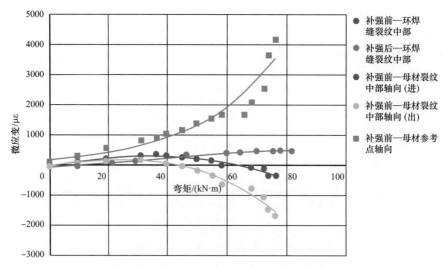

图 7-3-18　6MPa 下环焊缝裂纹中部轴向应变对比

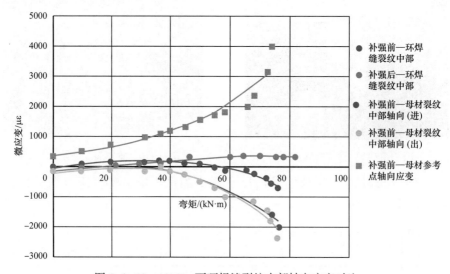

图 7-3-19　13MPa 下环焊缝裂纹中部轴向应变对比

在 0MPa 内压下，未修复环向裂纹缺陷随弯矩增大轴向应变增大，在弯矩 78kN·m 下轴向应变已接近破坏极限。套筒修复的环向裂纹缺陷，轴向应变一直被抑制在很小的安全应变范围内，缺陷没有任何扩展趋势，套筒修复效果显著。内压 6MPa、13MPa 时与 0MPa 趋势一致，套筒起到显著修复作用。钢质环氧套筒分担弯矩作用极佳，分担范围为 76%～84%（图 7-3-20）。

三、修复作用机理

修复套筒壁厚 10mm，缺陷深度 70%t（t：壁厚），管道直径 508mm，壁厚 9mm，压力测试表明，根据载荷分担比例 $E_{C}t_{min}/E_{S}t_{S}$，载荷分担比例为钢质环氧套筒：缺陷 ≈3.7∶1，直到 18.6MPa, 打压口焊缝破裂, 此时管道趋于屈服, 修复的缺陷一直处于弹性阶段。套筒在受力开始即可分担缺陷处应力, 达到完整管体都承受不了的应力下, 缺陷仍可保证在弹性安全范围。

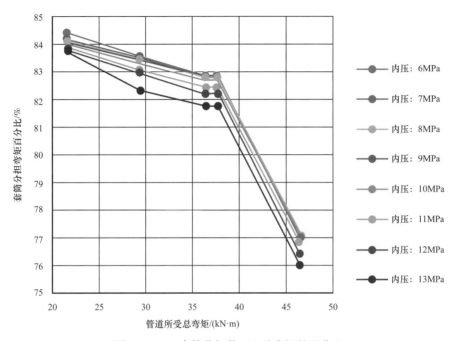

图 7-3-20 套筒分担截面 2 总弯矩的百分比

假设缺陷达到屈服, 载荷分担比例为钢质环氧套筒：缺陷 ≈740∶1, 此时完好管体受力远超极限, 现实中不可能存在这种工况。钢质环氧套筒修复缺陷作用是依靠中间灌注料传递应力至外部钢壳, 钢壳与管体模量相当, 能分担较大应力, 使缺陷永远达不到屈服极限, 另外钢质环氧套筒承担绝大部分弯矩, 抵消产生轴向力的动力, 从而起到修复作用, 如图 7-3-21 所示。

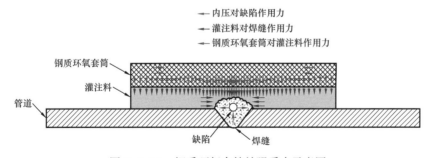

图 7-3-21 钢质环氧套筒补强受力示意图

钢质环氧套筒补强技术适合修复强度损失型缺陷, 可以通过自身性能抑制缺陷发生鼓胀破坏；钢质环氧套筒补强技术适合修复平面型缺陷, 消除产生轴向力的动力, 抑制平面型缺陷扩展；钢质环氧套筒补强技术适合几何型缺陷, 通过载荷分担, 保证几何型缺陷保持原有应力状态。

四、工艺适用性分析

1. 气泡对体积型缺陷修复效果的影响

气泡的位置和体积变化，对环氧套筒修复后管道的承压应力有一定影响，如图 7-3-22 所示。越靠近缺陷处，气泡的体积变化对管道的应力分布的影响越大。在缺陷中心处出现的气泡，体积变化对管道应力分布的影响急剧增大，仅 0.05% 的体积增量，管道最大应力增大了 11%。

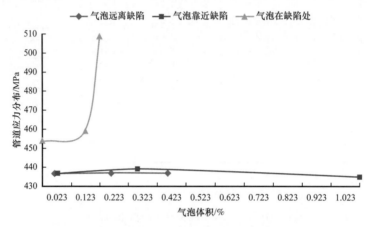

图 7-3-22　灌注料气泡体积与管道应力分布关系图

2. 气泡对平面型缺陷修复效果的影响

为了对比不同量气泡对缺陷处的环向与轴向补强效果，将模拟数据整合，如图 7-3-23 所示。

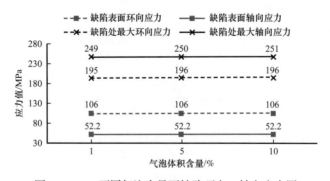

图 7-3-23　不同气泡含量下缺陷环向、轴向应力图

由图 7-3-23 可知缺陷表面的环向应力为 105MPa 左右，轴向应力为 52.2MPa 左右，缺陷处的最大环向应力为 195MPa，最大轴向应力为 250MPa。并且不同气泡含量，即使是 10% 的气泡含量，对缺陷处的应力值基本没有影响。

3. 灌注层未灌满位置对修复效果影响

为了分析灌注料在不同灌注状态时对修复效果的影响，将不同灌注状态的环向轴向应力整合，如图 7-3-24 所示。缺陷正上方未灌满时，缺陷处环向应力达到 207MPa，轴向应力达 83.3MPa，应力值较高。这是由于缺陷正上方灌注层未灌满时，只能通过周围的完整灌注料，间接将载荷传递给套筒，从而阻碍了套筒局部分担作用，致使缺陷处应力偏大。

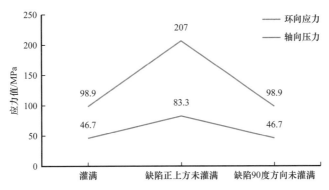

图 7-3-24　不同灌注状态下缺陷环向、轴向应力图

而在离缺陷较远的地方，虽然缺陷处应力水平减小，但是相应未灌满的管道位置应力值达到 200MPa，应力水平偏高，因此，未灌满状态对管道承载影响恶劣。应保证钢质环氧套筒施工时灌注层灌满。

4. 现场质量控制关键点

气泡虽然对环焊缝平面型缺陷影响不大，但对体积型缺陷影响较为明显，若气泡位于缺陷处将会严重影响修复质量，因此施工现场仍要考虑控制气泡产生的措施，通常的做法是采用负压灌注工艺，灌注前进行密封测试，真空度要求达到 -0.08MPa 以上，并且灌注过程保持真空度 -0.08MPa。未灌满、空腔易在灌注顶端产生，且对修复质量影响显著，而产生空腔的关键点自抽气口水平远端自近端呈减少趋势，因此施工现场应保证抽气口位于水平最高端。

参 考 文 献

[1] 董绍华. 管道修复技术 [M]. 北京：中国石化出版社，2019.

[2] 帅健，董绍华. 油气管道完整性管理 [M]. 北京：石油工业出版社，2017.

[3] 石油工业标准化技术委员会. 钢质管道聚乙烯内衬技术规范：SY/T 4110—2019 [S]. 北京：石油工业出版社，2019.

[4] 左涛. 垫衬法管道修复关键问题研究 [D]. 北京：中国地质大学，2021.

[5] 李敏. 管线非开挖内衬修复技术在油田建设中的应用 [J]. 石化技术，2018（2）：104.

[6] 孙涛，郝娇娇，程文惠. 管道非开挖修复技术 [J]. 世界有色金属，2016（6）：93-94.

[7] 李东生. HDPE 内衬抗磨防腐油管项目后评价 [D]. 大连：大连理工大学，2009.

［8］王麒.管道非开挖内翻衬复合软管现场接口新技术［J］.非开挖技术，2017（5）：3.

［9］中国石油管道公司.油气管道检测与修复技术［M］.北京：石油工业出版社，2010.

［10］敖镇海.埋地油气管道外防腐层检测及修复技术［J］.化工管理，2017（12）：122.

［11］陈安琦，马卫峰，任俊杰，等.高钢级管道环焊缝缺陷修复问题初探［J］.天然气与石油，2017，35（5）：12-17.

［12］陆军.油气输送管道补强修复新技术［J］.石油和化工设备，2015，18（1）：67-70.

［13］白真权，王献堃，孔杰.含缺陷管道补强修复技术发展及应用现状分析［J］.石油矿场机械，2004，33（1）：41-43.

［14］马卫锋，唐凡，梁兵，等.管道修复补强用复合材料现场检测及评价指标体系［J］.石油工程建设，2016，39（6）：56-58.

［15］王玉梅，刘艳双，张延萍，等.国外油气管道修复技术［J］.油气储运，2005，24（12）：13-16.

［16］吴佳琦.压力管道缺陷的碳纤维复合材料修复补强技术研究［D］.上海：华东理工大学，2014.

［17］王凯一.油气管道环向表面裂纹玻璃纤维增强复合材料修复补强研究［D］.成都：西南交通大学，2017.

［18］石油管材专业标准化技术委员会.输送钢管静水压爆破试验方法：SY/T 5992—2012［S］.北京：石油工业出版社，2012.

［19］王欣，胡义勇，马汉龙，等.焊缝缺陷管件复合材料修复承压能力研究［J］.全面腐蚀控制，2019，33（3）：34-38.

［20］陈如木，邱金水，刘伯运，等.纤维复合材料修复缺陷管道的失效分析［J］.华中科技大学学报，2018，46（11）：121-127.

［21］Hyer M W. Stress Analysis of Fiber-Reinforced Composite Materials［M］. New York：WCB McGraw-Hill，1998.

［22］王俊强，何仁洋.含缺陷管道复合材料修复后承压能力研究［J］.压力容器，2015，32（9）：59-65.

［23］孟祥进，吴佳琦，施哲雄，等.碳纤维修复技术在局部减薄缺陷管道中的应用研究［J］.现代化工，2015，35（8）：144-146.

［24］刘培启，耿发贵，刘岩，等.碳纤维增强环氧树脂复合材料修复N80Q钢管的力学性能［J］.复合材料学报，2020，37（4）：808-815.

［25］油气储运专业标准化委员会.油气管道管体缺陷修复技术规范：SY/T 6649—2018［S］.北京：石油工业出版社，2019.

［26］杨煜广，顾素兰，何磊.一种管道焊接缺陷的不停输修复方法［J］.化工装备技术，2018，39（2）：40-42.

［27］杨红，郑洁，毛华，等.复合修复材料在输气管道的应用［J］.天然气与石油，2006，24（5）：4-7.

［28］王勇军，王鹏，王峰会，等.含缺陷高压管道复合材料补强有限元模拟［J］.压力容器，2007（10）：13-16.

第八章　非金属管道技术

在中国石油行业内，长庆油田应用非金属管道相对较早，20世纪90年代中期，随着油田大规模发展，油水系统腐蚀、结垢等问题日趋突出，油田相继引进了玻璃钢管、柔性复合管（高、低压）、塑料合金管以及氯化聚氯乙烯管（CPVC管）等多种非金属管道。通过在采出水处理及回注系统中应用，有效缓解了采出水的腐蚀、结垢问题，在油田工程中发挥了重要的作用。

长庆油田自20世纪在采出水系统中试验应用了非金属管道，至今已有近20余年的应用历史，已逐步形成了适合油田的非金属管道设计、采购、施工及运行的管理办法。实践证明油田在采出水系统中应用非金属管道是必要的，也是可行的。近年来，为了解决目前市场非金属管道种类多、生产厂家多、原料来源不同、同类管子质量参差不齐、不同的非金属管道质量差异性较大等问题，为进一步规范和推进非金属管道在油田工程的应用范围，评价非金属管材在低渗透油田的适应性，长庆油田开展了系列非金属管道的适应性分析评价工作。

评价的非金属管道侧重于油田常用的玻璃钢管、柔性复合管和塑料合金管，开挖取样现场服役三年的管段和新管材，开展了三种非金属管体基本性能、短期静水压、水压爆破及1000h存活等一系列试验评价，为非金属管接头及管体持续安全服役提供指导性意见。

第一节　油田常用的非金属管材及其腐蚀类型

一、玻璃钢管

1. 主要组成及应用范围

采用无碱增强纤维为增强材料，环氧树脂和固化剂为基质，经过连续缠绕成型、固化而成的非金属管材[1]，主要适用于油田埋地敷设采出水系统、集输油系统、注水和注聚合物等管道。包括酸酐固化玻璃钢管和胺固化玻璃钢管两种类型，长庆油田主要应用的是酸酐固化玻璃钢管。

长期使用介质温度不大于65℃，用于注水管道时工作压力不大于25MPa。

适用于土壤腐蚀较严重的地区，在人口密集区、井场等作业较频繁的地区以及穿越河流、沟渠、铁路和公路等地区应加套管。

2. 产品特点、技术性能

产品规格齐全、高中低压系列，应用范围广、适应性强；具有较高的机械强度、良好的耐化学腐蚀性、优良的黏结性、绝缘性和防水性、良好的耐温性，使用寿命长（30年以上）；管内壁不易结垢、流体阻力小，绝热性能好；输送压力高，质轻，运输方便；安装简单、快速、安全，辅助设备较少。

缺点：韧性不足，容易脆裂。单管长度有限，管道接头多。

3. 连接方式

单管长 5~10m，连续敷设时接口较多，根据口径的不同为 100~150 个 /km，管口的连接方式主要有螺纹连接、卡箍式螺纹连接、法兰连接和钢质转换。

4. 工艺质量控制因素

工艺质量控制因素主要有两方面：

材质方面——主要是环氧树脂类型、树脂含量、内外螺纹密封脂性质及用量。

施工方面——管道的连接方式、接口类型以及所应用的环境。

二、柔性复合管

1. 主要组成及应用范围

柔性复合管[2-3]是由内层、增强层、抗磨层和外保护层组成的连续动态复合管，以盘绕形式供货，中间无接头。内层是挤出成型的聚合物层，主要有聚乙烯、聚氯乙烯、聚丙烯、聚氨酯、聚酰胺和聚偏氟乙烯，用来保持内部液体完整，同时防止压溃；增强层是通过高分子纤维丝编织或缠绕形成，主要有聚乙烯纤维、芳纶纤维、聚酯纤维、聚酰胺纤维和碳纤维缠绕或编织成型。一般为两层或四层缠绕以抵抗内压；抗磨层通过高分子纤维带缠绕形成，减少层间摩擦力；外保护层是挤出成型的聚合物层，主要有聚乙烯、聚氯乙烯、聚丙烯、聚氨酯和聚酰胺，具有密封和保护作用。

目前油田主要用于介质温度不大于 110℃，工作压力不大于 32MPa 的注水、采出水、油气集输和高压注醇等管线。从已投运情况来看，整体运行平稳。

当介质温度大于 70℃时，工作压力须修正，在 70~90℃修正系数为 0.9，90~110℃修正系数为 0.8。

2. 规格及压力等级

柔性复合管规格及压力等级见表 8-1-1。

3. 产品特点和技术性能

柔性复合管质轻、韧性好，可以盘卷供货，运输、安装方便；外保护层与内管均为聚合物，使其具有耐腐蚀、抗结垢、对流体输送阻力小、绝热性能好、输送压力高等特点。管道可连续敷设，单根长度可达千米，接口较少。但存在施工过程中容易机械划伤、不耐紫外线等缺点。

表 8-1-1 柔性复合管规格及压力等级

序号	最小内径 /mm	公称壁厚 /mm	公称压力 /MPa	最小弯曲半径 /mm
1	17	6.0	32.0	230
2	25	6.5	32.0	300
3	40	9.0	25.0	450
4	50	12.0	32.0	500
5	60	13.0	25.0	600
6	65	15.0	25.0	700
7	75	20.0	25.0	750
8	90	21.0	25.0	800
9	102	13.0	6.4	900
10	125	13.5	6.4	1000
11	150	14.0	6.4	1200

4. 连接方式

单管长度为 20～1000m，连续敷设时接口相对较少。连接方式主要有螺纹连接、法兰连接、扣押连接和堆焊焊接四种形式。

5. 工艺质量控制因素

主要是构成芯管原料的聚乙烯树脂等高分子聚合物的基本性能、增强层增强纤维丝的性能。

三、塑料合金管

1. 主要组成及应用范围

以钢骨架为增强体、热塑性塑料为连续基材，将金属和塑料两种材料复合在一起形成的管材，适用于土壤腐蚀比较严重的站外采出水、注水、集油和注聚合物等管道；不适用于人口密集区和井场等作业频繁区域；穿跨越河流、沟渠、铁路和公路应加套管。

介质温度不宜大于 70℃。

工作压力：集油管道不应大于 6.3MPa，注水、注聚合物管道不应大于 25MPa。

2. 管材规格

塑料合金管规格及压力等级见表 8-1-2。

表 8-1-2　塑料合金管规格及压力等级

压力等级 /MPa	16	20	25	32
管道内径 /mm	40	40	40	40
	50	50	50	50
	65	65	65	65
	80	80	80	80
	100	100	100	100
	125	125		
	150	150		
	200			

3. 产品特点和技术性能

外保护层是富脂层，内衬层是由聚氯乙烯、氯化聚氯乙烯、氯化聚乙烯等材料共混形成的塑料合金，具有应用范围广、内壁光滑摩阻小、耐腐蚀、抗冲击能力强、承压能力高、保温等优点；由于结构层为钢丝材料，可通过磁性探测等方法定位。但同时具有气密性差、受温度影响、容易发生剥离等缺点。

4. 连接方式

管道的标准长度为 8m，可按特殊要求加工，接口形式采用螺纹管箍连接，当螺纹连接用于复合管与钢管的连接时，应采用焊接转换接头，复合管道与阀门（或钢管）的连接应采用法兰连接。

5. 工艺质量控制因素

聚乙烯树脂等高分子聚合物的基本性能、增强层性能以及粘胶。

四、氯化聚氯乙烯管（CPVC 管）

1. 主要组成及应用范围

氯化聚氯乙烯管（CPVC 管）[4] 管材及配件是由特殊的热塑料原料——氯化聚氯乙烯制成，可确保管道长期保持良好的刚性。2009 年油田为解决站内系统低压管线因弯头多、接口多造成因泵振动使管道易刺漏，以及内腐蚀、结垢等问题，在站内低压系统管道开始试验应用氯化聚氯乙烯管。

氯化聚氯乙烯管主要用于站内采出水处理系统低压管线，压力不大于 2.5MPa。

2. 产品特点及技术性能

产品规格、管件齐全，系统采用的安装工具简单方便、造价低廉，连接方式为粘接。该产品已有超过 40 年安全使用的历史，最初由给水系统的应用演变而来，安全可靠。

3. 规格及压力等级

氯化聚氯乙烯管的规格和压力等级见表 8-1-3。

表 8-1-3　氯化聚氯乙烯管规格和压力等级

序号	标称尺寸 /mm	平均外径 /mm	最小厚壁 /mm	压力等级 / (kgf/cm²)
1	15	21.3	2.77	42.2
2	20	26.7	2.87	33.8
3	25	33.4	3.38	31.7
4	32	42.2	3.56	26.0
5	40	48.3	3.68	23.2
6	50	60.3	3.91	19.7
7	65	73.0	5.16	21.1
8	80	88.9	5.49	18.3
9	100	114.3	6.02	15.5
10	125	141.3	6.55	13.4
11	150	168.3	7.11	12.7
12	200	219.1	8.18	11.3
13	250	273.1	9.27	9.8
14	300	323.9	10.31	9.1

4. 连接方式

氯化聚氯乙烯管管间连接应采用粘胶方式连接，与钢管或阀门连接时，采用法兰连接，CPVC 管配带法兰短管与钢法兰连接。

该管线主要用于站内接口、弯头较多的管路，所以随管道配带直接头、90°弯头和45°弯头、三通、四通、异径接头、缩径接头、阀门接头等较为齐全的配件，方便现场各种组合安装。

5. 工艺质量控制因素

管道本体综合质量性能、管道接口连接技术措施、黏结剂质量、接口的抗震性能是保证工程质量的主要因素。

五、非金属材料的腐蚀类型

非金属材料按腐蚀机理分为物理腐蚀、化学腐蚀、大气老化和环境应力开裂等类型。

1. 物理腐蚀

物理腐蚀是非金属材料使用中最常见的腐蚀破坏形态，其形成的主要原因是环境介质的渗透扩散和应力（包括材料成形时形成的残余应力，环境温度引发的热应力，结晶型介质及渗入介质因热胀冷缩形成的膨胀应力）的联合作用。

1）介质的渗透和扩散

在非金属材料的腐蚀过程中，介质的渗透与扩散起着重要的支配作用，影响这一结果的主要因素有：大分子结构及其聚集态结构、非金属材料的组成与成分、环境温度和热应力、材料成形时的孔隙率和孔径分布。

提高材料介质渗透性的方法很多，如压力加工成形、采用片状填料、对材料进行偶联处理等。

2）溶胀和溶解

无论是非晶态高聚物还是结晶态高聚物，发生溶胀时，都是从非晶区开始而逐步进入晶区的，溶剂渗透到高分子材料内部后，使之溶胀和溶解。通常情况下，可采用极性相似原则或溶解度参数相近原则来判断高分子材料耐溶剂性。

3）有机非金属材料的物理腐蚀

有机非金属材料的物理腐蚀主要表现形式为溶胀和溶解，以及介质对有机介质渗透破坏作用。主要与介质向材料基体扩散、渗透有关。

2. 化学腐蚀

1）氧化反应

高分子材料（如天然橡胶和聚烯烃高聚物等），在辐射或紫外光等外界因素作用下，能发生高分子氧化反应；氧化性介质（如浓 HNO_3、浓 H_2SO_4 等），也会使高聚物分子发生氧化。其原因是在这些高聚物大分子链上存在有键能较低的与叔碳原子相连的或与双键 α 位碳原子相连的 C—H 键。在氧化过程中，生成的过氧化物分解会导致大分子降解、交联和链的增长，氧自由基可导致降解，形成酮基、醛基，也可使不饱和化合物交联。一般来讲，具有杂链的高聚物比只有碳链的高聚物抗氧化性能好。

2）水解和降解作用

（1）水解作用。

杂链高聚物因其含有氧、氮、硅等杂原子，在碳原子与杂原子之间构成极性键，如醚键、酯键、酰胺键、硅氧键等。水与这类键发生作用而导致高聚物发生降解的过程被称为高聚物的水解。影响水解的因素有：高聚物分子中引起水解的活性基团浓度、高聚物的结构和聚集态等。

（2）降解作用。

含有极性基因的其他腐蚀性介质，如有机酸、有机胺、醇和酯等都能使相对应的高聚物发生降解，称为酸解、醇解、酚解、胺解。对于一些分子链上大多不含易水解基因的高聚物来说，如聚烯烃及其衍生物等，就不易发生水解反应，且耐酸、耐碱性好。

3）取代基反应

在饱和碳—碳链高聚物中，虽然不容易存在像氧化反应中的双键或三键等基因断裂降解，但是在特定情况下、碳—碳链的氢原子也可以被其他原子所取代，从而发生取代基反应。一般情况下发生卤代取代反应的机会比较多。另外有些高聚物在浓 HNO_3、浓 H_2SO_4 的作用下，可以发生磺化和硝化的取代反应。

4）交联反应

有些高聚物在使用过程中，受日光或环境作用，相邻链间会发生交联反应而使材料硬化变脆。

3. 环境应力腐蚀开裂

1）开裂机理

环境应力开裂的主要理论有：表面能（ΔS）降低理论、附着功（W）理论、自由能变化值（ΔG）理论等。其中，自由能变化值理论是最具有说服力的机理。但是有机非金属表面层有限部分，因局部的增塑作用及应力作用而发生银纹，被公认为是环境应力腐蚀开裂的诱因。

2）分类

环境应力腐蚀开裂可以分为应力腐蚀开裂、溶剂开裂和氧化应力开裂 3 类。

3）影响因素

影响环境应力开裂的因素很多，主要有：非金属材料的性质，应力的大小、方向，环境介质组成与成分。

第二节　服役前后非金属管体性能评价

一、玻璃钢管管体性能评价

1. 外观形貌

服役前玻璃钢管管体宏观形貌如图 8-2-1 所示，其内外表面光滑平整，无明显的裂纹、开裂、分层等缺陷。服役后玻璃钢管管体宏观形貌如图 8-2-2 所示，其内外表面同样光滑平整，无明显的裂纹、开裂、分层等缺陷，颜色为黄绿色，内表面可见油污附着。

宏观形貌结果表明，玻璃钢管服役后外观质量良好，未发现与输送介质发生不相容的树脂缺失、粉化、纤维拔出等失效现象。

图 8-2-1　服役前玻璃钢管管体外观形貌

图 8-2-2　服役后玻璃钢管管体外观形貌

2. 规格尺寸

服役前后 DN65 PN5.5 MPa 玻璃钢管的尺寸测量结果见表 8-2-1。由测量结果可知，服役前后玻璃钢管内径满足标准 SY/T 6770.1—2010《非金属管材质量验收规范 第 1 部分：高压玻璃纤维管线管》中规定要求。

表 8-2-1　服役前后玻璃钢管尺寸

样品类型	内径 /mm			壁厚 /mm		
服役前玻璃钢管	62.72	62.69	62.73	3.31	3.37	3.31
	62.76	62.68	62.76	3.16	3.15	3.36
服役后玻璃钢管	62.57	62.46	62.70	3.02	3.12	2.97
	62.35	62.08	62.58	3.14	3.08	3.18
SY/T 6770.1—2010 要求	≥59.60			—		

3. 玻璃化转变温度

服役前后玻璃钢管管体玻璃化转变温度曲线分别如图 8-2-3 和图 8-2-4 所示，服役前后玻璃钢管树脂的玻璃化转变温度分别为 149.06℃和 149.68℃，均满足 SY/T 6770.1—2010 标准中对芳胺固化环氧树脂玻璃化转变温度（150±5）℃要求。

二、塑料合金管管体性能评价

1. 外观形貌

服役前后塑料合金管管体宏观形貌分别如图 8-2-5 和图 8-2-6 所示，由图中可见，服役前塑料合金管管体内外表面光滑平整，无明显的裂纹、开裂、分层等缺陷，内外层之间结合紧密。服役后塑料合金管管体内衬层因长期与油气介质接触，颜色变深（应为溶胀现象），但未发现明显的裂纹、起泡等失效缺陷。整体而言，服役后的塑料合金管内衬层形貌除颜色变深外，结构基本保持完整。

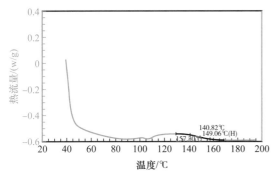

图 8-2-3　服役前玻璃钢管管体试样玻璃化
转变温度曲线

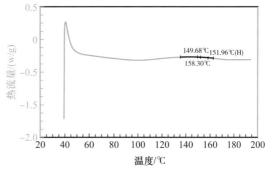

图 8-2-4　服役后玻璃钢管管体玻璃化
转变温度曲线

图 8-2-5　服役前塑料合金管管体外观形貌

图 8-2-6　服役后塑料合金管管体外观形貌

2. 规格尺寸

服役前后 DN65 PN6.4 MPa 塑料合金管内径、结构层壁厚和管体总壁厚检测结果见表 8-2-2。结果表明，服役前后塑料合金管内径、结构层壁厚和管体总壁厚均满足标准 SY/T 6770.3—2018《非金属管材质量验收规范　第 3 部分：热塑性塑料内衬玻璃钢复合管》中要求。

3. 玻璃化转变温度

塑料合金管服役前后结构层玻璃化转变温度曲线分别如图 8-2-7 和图 8-2-8 所示，服役前后的玻璃化转变温度分别为 114.92℃和 102.90℃，均满足 SY/T 6770.3—2018 标准中对塑料合金管结构层玻璃化转变温度高于最高使用温度 30℃的要求。

表 8-2-2 服役前后塑料合金管尺寸检测结果

样品类型	内径 /mm			结构层壁厚 /mm			管体总壁厚 /mm		
服役前塑料合金管	65.53	65.99	65.51	3.36	3.44	3.21	5.83	5.94	5.68
	65.78	65.47	65.65	3.26	3.38	3.20	5.75	5.94	5.73
服役后塑料合金管	64.77	64.92	64.75	3.46	3.58	3.35	6.01	6.14	5.89
	64.06	64.71	64.62	3.44	3.56	3.43	5.83	5.94	5.68
SY/T 6770.3—2018 要求	64.00～66.50			≥2.00			≥4.00		

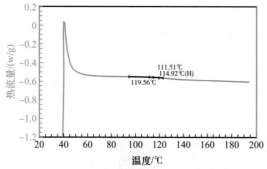

图 8-2-7 服役前塑料合金管结构层玻璃化
转变温度曲线

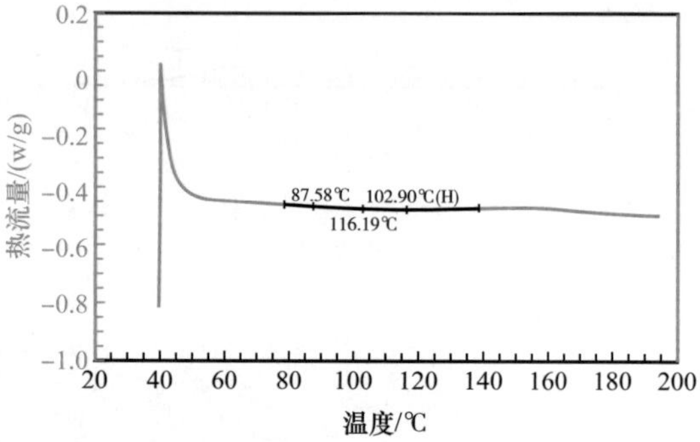

图 8-2-8 服役后塑料合金管结构层玻璃化
转变温度曲线

4. 树脂含量

塑料合金管服役前后结构层树脂含量检测结果见表 8-2-3，从表中可以看出，结构层平均树脂含量分别为 18.19% 和 20.87%，均满足 SY/T 6770.3—2018 标准中对塑料合金管结构层树脂含量要求（20±3）% 的规定。

表 8-2-3 服役前后塑料合金管树脂含量检测结果

样品类型	树脂含量 /%	平均含量 /%	SY/T 6770.3—2018 要求 /%
服役前塑料合金管	18.00	18.19	20±3
	18.19		
	18.38		
服役后塑料合金管	20.41	20.87	
	20.40		
	21.80		

5. 巴柯尔硬度

塑料合金管结构层服役前后巴柯尔硬度检测结果见表 8-2-4。由表 8-2-4 可知，服役前后结构层的巴柯尔硬度均满足 SY/T 6770.3—2018 标准中对塑料合金管结构层巴柯尔硬度不小于 40 的规定要求。

表 8-2-4　服役前后塑料合金管结构层巴柯尔硬度检测结果

样品规格	样品类型	检测值						平均值
DN65 PN6.4 MPa	服役前	73	75	76	79	76	77	76.00
	服役后	78	76	82	79	78	82	79.17
SY/T 6770.3—2018 标准要求		≥40						

6. 红外光谱

采用 NICOLET iS50 FT-IR 傅里叶变换红外光谱仪对塑料合金管内衬层服役前后结构成分进行分析。塑料合金内衬层一般由 PVC、CPVC、CPE 共混而成。如图 8-2-9 所示，服役前后塑料合金管内衬层的红外谱图中的峰位置和峰强度未发生明显变化，表明服役后塑料合金管内衬层内外表面结构成分未发生明显变化，与未服役样品基本一致。

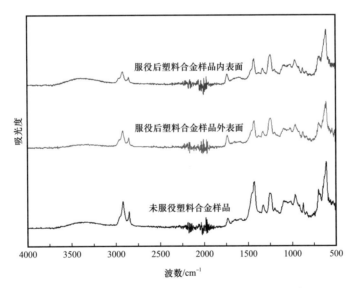

图 8-2-9　服役前后塑料合金管内衬层红外光谱

7. 维卡软化温度

依据 GB/T 1633—2000《热塑性塑料维卡软化温度（VST）的测定》中的 B50 方法，采用 RV-300FW 热变形、维卡软化点温度测定仪，测试了塑料合金管内衬层样品服役前后的维卡软化温度，结果见表 8-2-5、图 8-2-10 和图 8-2-11。由表 8-2-5 可以看出，服役前后塑料合金管内衬层维卡软化温度差别不大，均满足 SY/T 6770.3—2018 标准中对塑料合金管内衬层维卡软化温度高于使用温度 15℃的规定。

表 8-2-5 服役前后塑料合金管维卡软化温度测试结果

样品类型	维卡软化温度 /℃	维卡软化温度平均值 /℃
服役前塑料合金管内衬	76.96	76.90
	76.96	
	76.77	
服役后塑料合金管内衬	79.62	79.43
	80.46	
	78.20	
SY/T 6770.3—2018 要求	高于使用温度 15℃	

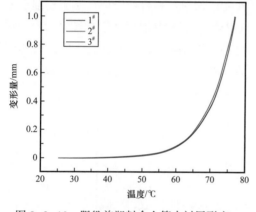

图 8-2-10 服役前塑料合金管内衬层形变—
温度曲线

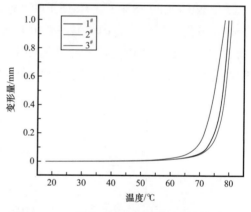

图 8-2-11 服役后塑料合金管内衬层形变—
温度曲线

服役前后塑料合金管管体基本性能评价试验结果汇总见表 8-2-6。服役后样品表面外观形貌完整，复合管的尺寸壁厚、结构层玻璃化转变温度、树脂含量、巴柯尔硬度和内衬层维卡软化温度均满足标准要求，服役后的内衬层结构成分基本无变化。综上可以看出，塑料合金管在运行期内表现出良好的服役效果。

表 8-2-6 服役前后塑料合金管管体基本性能评价试验结果

测试项目		测试结果		结论
外观形貌		内外表面形貌无明显异常		服役后的塑料合金内衬层除颜色变深外，结构保持完整
规格尺寸		内径：64.00～66.50mm 结构层壁厚不小于 2.0mm 管体总壁厚不小于 4.0mm		满足 SY/T 6770.3—2018 标准内径及壁厚要求
结构层	玻璃化转变温度	服役前	114.92℃	满足 SY/T 6770.3—2018 标准要求高于使用温度 30℃的规定
		服役后	102.90℃	

续表

测试项目		测试结果		结论
结构层	树脂含量	服役前	18.19%	满足 SY/T 6770.3—2018 标准要求为（20±3）%的规定
		服役后	20.87%	
	巴柯尔硬度	服役后高于服役前		满足 SY/T 6770.3—2018 标准要求不小于 40 的规定
内衬层	红外光谱	服役前后结构成分一致		服役后内衬结构成分无变化
	维卡软化温度	服役前	76.9℃	满足 SY/T 6770.3—2018 标准要求高于使用温度15℃的规定
		服役后	79.43℃	

三、柔性复合管管体性能评价

1. 外观形貌

服役前柔性复合管管体宏观形貌如图 8-2-12 所示，由图可以看出，其内外表面光滑平整，无明显的裂纹、开裂、分层等缺陷，内衬层、增强层与外保护层之间结合紧密。服役后柔性复合管管体宏观形貌如图 8-2-13 所示，其外表面光滑平整，而内表面有油污附着，且因长期与油气介质接触，管体由白色转变为淡黄色（溶胀现象），但未发现明显的裂纹、起泡等失效缺陷。整体而言，服役后的柔性复合管除内衬层颜色变深外，与未服役管材的结构和形貌相比变化不大。

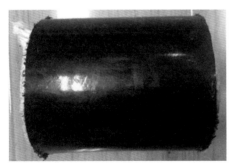

图 8-2-12　服役前柔性复合管管体外观形貌

图 8-2-13　服役后柔性复合管管体外观形貌

2. 规格尺寸

服役前后 DN65 PN6.4 MPa 柔性复合管规格尺寸检测结果见表 8-2-7。从表 8-2-7 可以看出,服役前后柔性复合管外径及壁厚均满足标准 SY/T 6662.2—2020《石油天然气工业用非金属复合管 第 2 部分:柔性复合高压输送管》中对规格为 DN65 PN6.4 MPa 柔性复合管外径及壁厚要求:外径不小于 95mm,壁厚不小于 13.5mm。

表 8-2-7 服役前后柔性复合管尺寸检测结果

样品类型	外径 /mm			壁厚 /mm		
服役前柔性复合管	95.90	95.49	96.43	14.40	13.62	13.53
	95.85	95.44	95.96	13.81	13.67	13.72
服役后柔性复合管	97.56	97.75	97.46	13.80	14.03	14.12
	96.89	97.86	98.12	13.75	13.83	14.15
SY/T 6662.2—2020 要求	≥95.00			≥13.50		

3. 成分分析

采用 NICOLET iS50 FT-IR 傅里叶变换红外光谱仪对柔性复合管内衬层结构成分进行分析,分析结果如图 8-2-14 所示。红外图谱中,在 2914cm^{-1}、2848cm^{-1} 处的强吸收峰是亚甲基 $-CH_2-$ 的伸缩振动吸收峰,1471cm^{-1} 处吸收峰是 $-CH_2-$ 的变形振动吸收峰,718cm^{-1} 处吸收峰是 $-CH_2-$ 面内摇摆振动吸收峰。服役后柔性复合管内衬层材料的峰强度、位置和形状与典型的聚乙烯图谱完全相同。因此可以推测,服役后柔性复合管内衬层结构成分未发生明显变化,内外表面结构成分基本一致,主要成分均为聚乙烯。

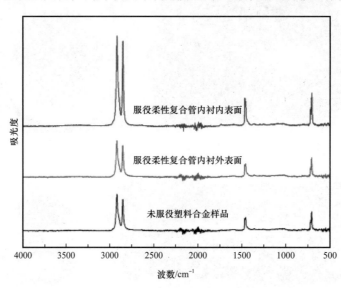

图 8-2-14 服役前后柔性复合管内衬层红外光谱

4. 维卡软化温度

依据 GB/T 1633—2000 中的 B50 方法，采用 RV-300FW 热变形、维卡软化点温度测定仪，测试了柔性复合管内衬层试样服役前后的维卡软化温度，结果见表 8-2-8，其对应的变形—温度曲线分别如图 8-2-15 和图 8-2-16 所示。由表 8-2-8 可以看出，服役后柔性复合管内衬层维卡软化温度与服役前相差较大，相差约为 13%。这是因为柔性复合管在服役过程中，油气介质会渗入内衬层聚合物材料（尤其是在内压作用下），使得内衬层材料发生溶胀现象，导致材料的硬度下降，进而使其维卡软化温度降低。

表 8-2-8　服役前后柔性复合管内衬维卡软化温度测试结果

样品类型	维卡软化温度 /℃	维卡软化温度平均值 /℃
服役前柔性复合管内衬	72.10	72.87
	72.95	
	73.56	
服役后柔性复合管内衬	63.24	63.28
	63.15	
	63.46	

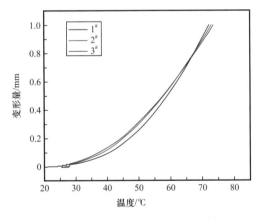

图 8-2-15　服役前柔性复合管内衬层变形—
温度曲线

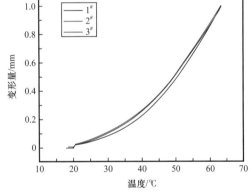

图 8-2-16　服役后柔性复合管内衬层变形—
温度曲线

5. 受压开裂稳定性

依据 SY/T 6662.2—2020 标准，采用 AGS-X10KN 岛津超大行程试验机，在 10~15s 内将服役前后柔性复合管管段试样压到管材外径 1/2 时停止，如图 8-2-17 和图 8-2-18 所示，试验后试样表面无裂纹，表明其受压开裂稳定性能符合标准要求。

服役前后柔性复合管管体基本性能评价试验汇总结果见表 8-2-9。服役后柔性复合管样品结构保持完整，尺寸及受压开裂稳定性能满足标准要求。内衬层与油气介质长期接触后发生溶胀现象，颜色变为淡黄色，维卡软化温度由此降低，但结构成分无变化。

图 8-2-17　服役前柔性复合管受压开裂试验结果　　图 8-2-18　服役后柔性复合管受压开裂试验结果

表 8-2-9　服役前后柔性复合管管体基本性能评价结果

样品	测试项目		测试结果		结论
服役前后柔性复合管管体	外观形貌		内外表面形貌无明显异常		服役后的柔性复合管除内衬层颜色变黄外，与未服役管材的结构和形貌相比变化不大
	规格尺寸		外径：不小于 95mm 服役前壁厚部分小于 13.5mm		服役前后规格尺寸满足 SY/T 6662.2—2020 标准要求
	内衬层	红外光谱	服役前后结构成分一致		服役后内衬结构成分无变化
		维卡软化温度	服役前	72.87℃	服役后内衬层耐温性能降低
			服役后	63.28℃	
	受压开裂稳定性		试验后目测试样表面无裂纹		满足 SY/T 6662.2—2020 标准要求

第三节　服役后整体可靠性及剩余寿命评价

一、概述

当前，国内外对于非金属管材的长期服役性能研究较少。仅有的报道其试验方法采用 ASTM D 2992 中的程序 B 进行。它通过在评定试验温度和恒定压力条件下进行的一系列应力破坏试验来确定产品族代表的压力等级（即该评定程序获得的产品压力等级完全可满足设计寿命要求）。此评定程序需要至少 18 个失效点，失效时间在 100h 以内的最少 2 个，失效时间在 1000～6000h 之间的最少 3 个，失效时间超过 10000h 的最少 1 个。

依据 ASTM D2992 要求，试验数据被用于确定产品族代表的长期静水压力（LCL）的平均回归曲线，以及它的置信下限（LCL）。置信下限（LCL）表示 97.5% 的预测值都位于此值之上。通过外推这个回归曲线的置信区间至设计寿命即可获得产品族代表的置信下限（*LCLPRF*）。在此基础上，还应确定产品的压力安全系数（*PSF*）和设计安全系数（如循环工作折减系数 f_{cyclic} 和流体折减系数 f_{Fluid}），最终通过式（8-3-1）来确定该产品在特定条件下的最大工作压力（*MSP*）。

$$MSP=MPR \times f_{cyclic} \times f_{Fluid}=LCL \times PSF \times f_{cyclic} \times f_{Fluid} \qquad （8-3-1）$$

式中　　*MPR*——额定压力等级。

PSF 的缺省值为 0.67。循环工作折减系数需考虑循环服役条件的影响，流体折减系数需考虑试验介质与工作介质不同造成的影响。因此，该方法理论复杂，试验量巨大，试验周期长，不具有实际的可操作性。

SY/T 6794—2018《可盘绕式增强塑料管线管》明确指出，每个产品单体都应进行恒定内压下 1000h 的存活试验，以说明产品单体的性能至少与经过全部评定的产品一致，即通过恒压试验来证明这些单体的回归曲线斜率与产品族代表的相同或者优于产品族代表。应对被选择的产品族成员的样本按 ASTM D1598 在评定试验温度下进行压力试验，试验压力为 P1000 或更高。样本单体如果通过在此条件下的 1000h 存活试验，则说明该样品的承压等级与整个产品族承压等级相同，同时说明其服役寿命可以满足设计要求。

基于以上理论，长庆油田采用爆破法和 1000h 存活试验的方法，对玻璃钢管、塑料合金管和柔性复合管进行了管材（带接头）的承压性能试验，验证了接头及管体的可靠性。

二、玻璃钢管可靠性评价

1. 水压爆破试验

采用 XGNB 型非金属管材爆破试验机对服役前的两根 DN65 PN5.5 MPa 玻璃钢管管件进行水压爆破试验[4]。如图 8-3-1 所示，第一根管件试验压力上升至 31.7MPa 时，管体发生渗漏失效；第二根管件试验压力上升至 30.91MPa 时，打压接头与样品螺纹之间发生渗漏失效。两根玻璃钢管管件的水压爆破强度均满足 SY/T 6770.1—2010《非金属管材质量验收规范 第 1 部分：高压玻璃纤维管线管》要求，即中短时失效压力不应小于 2.0 倍公称压力。

同样采用 XGNB 型非金属管材爆破试验机对服役后的两根 DN65 PN5.5 MPa 玻璃钢管管件进行水压爆破试验。如图 8-3-2 所示，两根管件的失效压力分别为 32.3MPa 和 35.2MPa，均满足 SY/T 6770.1—2010 中短时失效压力不应小于 2.0 倍公称压力的规定，失效形貌为管体渗漏。

2. 静水压试验

依据 SY/T 6770.1—2010 标准，采用 XGNB 型非金属管材水压试验机对服役前后的 DN65 PN5.5 MPa 玻璃钢管试件进行短时静水压试验。两根管件的水压试验曲线如图 8-3-3 和图 8-3-4 所示，将试验压力升至公称压力的 1.5 倍，保压 10min 后，服役前后的玻璃钢管试件均无开裂和渗漏（服役后样品的连接部位同样无渗漏），玻璃钢管试件的短时静水压试验结果满足 SY/T 6770.1—2010 标准规定。

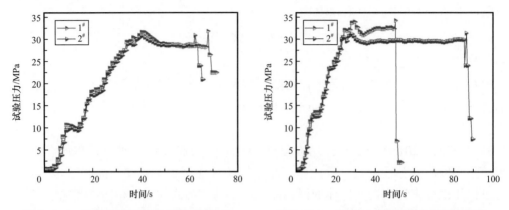

图 8-3-1　服役前玻璃钢管水压爆破曲线　　图 8-3-2　服役后玻璃钢管水压爆破曲线

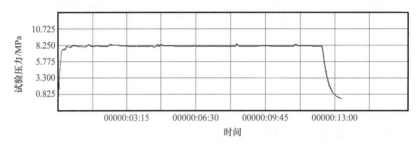

图 8-3-3　服役前玻璃钢管短时静水压试验水压曲线

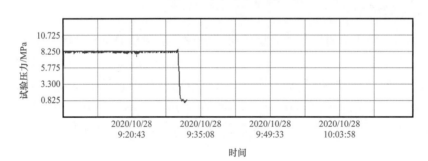

图 8-3-4　服役后玻璃钢管短时静水压试验水压曲线

3. 1000h 存活试验

取服役后 DN65 PN5.5 MPa 玻璃钢管试件 60s（0.017h）对应的爆破压力 32.3MPa，作为计算 1000h 存活试验压力的基本数据。根据 SY/T 6794—2018（API 15S）1000h 存活试验压力计算方式，该管线于 2018 年投产，已运行 3 年，取 17 年时间对应的压力为公称压力乘以压力安全系数，即 5.5×1.5=8.25MPa。计算服役后玻璃钢管试样 1000h 存活试验试验压力所需参数，见表 8-3-1。

表 8-3-1　服役后玻璃钢管 1000h 存活试验压力计算参数

试验时间	室温爆破压力	剩余服役年限	1.5 倍公称压力
60s（0.017h）	32.3MPa	17 年（148920h）	8.25MPa

　　线性方程求解：根据两组数据（0.017，32.3）和（148920，8.25），取对数（lg）得到（-1.770，1.509）和（5.173，0.916），以此确定拟合直线方程式为：$Y=-0.0854X+1.358$（X 为试验时间对数值，Y 为试验压力对数值），如图 8-3-5 所示。根据线性方程，服役后玻璃钢管试件 1000h 下对应的试验压力为 12.64MPa。

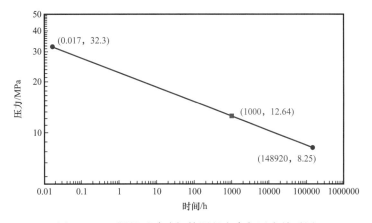

图 8-3-5　服役后玻璃钢管服役寿命与压力关系图

　　采用服役后带现场接头的玻璃钢管在 12.64MPa 试验压力下 1000h 存活试验，试验中管体未发生渗漏、表面分层和开裂现象，且接头未出现渗漏，压力—时间曲线如图 8-3-6 所示。结果表明，服役后的玻璃钢管及接头通过了 1000h 存活试验，在此条件下可以安全服役至其设计寿命。

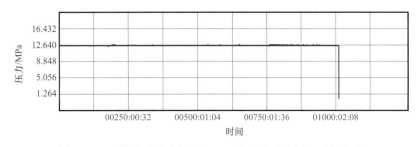

图 8-3-6　服役后玻璃钢管 1000h 存活试验水压—时间曲线

　　服役前后玻璃钢管管体及接头承压性能评价试验结果汇总见表 8-3-2。服役前后玻璃钢管管件的水压爆破强度和静水压试验（包括接头样品）均满足 SY/T 6770.1—2010 标准要求，表明玻璃钢管具有良好的承压性能；服役后带接头的玻璃钢管试样在 12.64MPa 下的 1000h 存活试验合格，表明在当前服役环境下，玻璃钢管管体和接头满足服役可靠性及设计寿命要求。

表 8-3-2　玻璃钢管管体及接头承压性能试验结果

样品	测试项目	测试结果	结论
DN65 PN5.5 MPa 玻璃钢管	水压爆破	服役前：31.7MPa，30.91MPa 服役后：32.3MPa，35.2MPa	满足 SY/T 6770.1—2010 要求
	静水压	试验压力升至公称压力的 1.5 倍，保压 10min 后，服役前后玻璃钢管管体均无开裂、无渗漏，且服役后样品接头无渗漏	满足 SY/T 6770.1—2010 要求
	12.64MPa、1000h 存活试验	未发生渗漏、开裂等失效现象	1000h 存活试验合格

三、塑料合金管可靠性评价

1. 水压爆破试验

采用 XGNB 型非金属管材爆破试验机对服役前的两根 DN65 PN6.4 MPa 塑料合金管试件进行水压爆破试验，如图 8-3-7 所示。由图 8-3-7 可知，两根试件的失效压力分别为 59.8MPa 和 59.3MPa，满足 SY/T 6770.3—2018 中短时失效压力不应小于 3.0 倍公称压力的规定，失效形式均为管体爆破。

同样采用 XGNB 型非金属管材爆破试验机对服役后的两根 DN65 PN6.4 MPa 塑料合金管试件进行水压爆破试验，如图 8-3-8 所示。由图 8-3-8 可知，两根试件的失效压力分别为 38.7MPa 和 31.7MPa，满足 SY/T 6770.3—2018 中短时失效压力不应小于 3.0 倍公称压力的规定，失效原因为金属接头开裂失效。

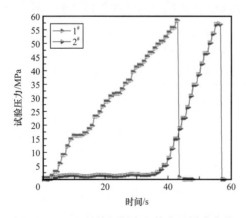

图 8-3-7　服役前塑料合金管水压爆破曲线

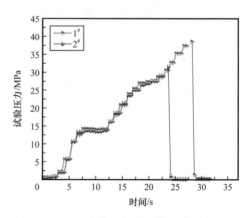

图 8-3-8　服役后塑料合金管水压爆破曲线

2. 静水压试验

依据 SY/T 6770.3—2018 标准，采用 XGNB 型非金属管材水压试验机对服役前后 DN65 PN6.4 MPa 塑料合金管管件进行短时静水压试验，先使试验压力升至公称压力

的 1.5 倍，然后保压 10min。服役前后塑料合金管短时静水压试验水压曲线如图 8-3-9
和图 8-3-10 所示。由图可以看出，服役前后塑料合金管管件管体均无开裂、无渗漏
（服役后样品的连接部位同样无渗漏），表明塑料合金管样品短时静水压试验结果满足
SY/T 6770.3—2018 标准规定。

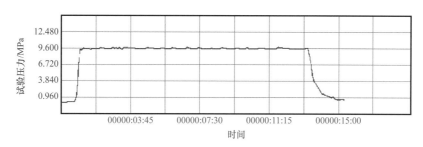

图 8-3-9　服役前塑料合金管短时静水压试验水压曲线

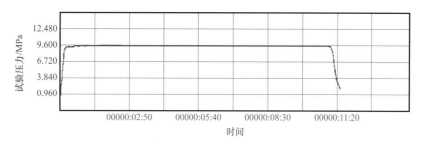

图 8-3-10　服役后塑料合金管短时静水压试验水压曲线

3. 1000h 存活试验

取服役后 DN65 PN6.4 MPa 塑料合金管管件 60s（0.017h）对应的爆破压力 31.7MPa
作为计算 1000h 存活试验的基本数据。根据 SY/T 6794—2018（API 15S）1000h 存活试验
压力计算方式，该管线于 2018 年投产，已运行 3 年，取 17 年时间对应的压力为公称压
力乘以压力安全系数，即 6.4×1.5=9.6MPa。计算服役后塑料合金管试样 1000h 存活试验
试验压力所需参数，见表 8-3-3。

表 8-3-3　服役后塑料合金管 1000h 存活试验压力计算参数

试验时间	室温爆破压力	剩余服役年限	1.5 倍公称压力
60s（0.017h）	31.7MPa	17 年（148920h）	9.6MPa

线性方程求解：根据两组数据（0.017，31.7）和（148920，9.6），取对数（lg）得到
（-1.770，1.501）和（5.173，0.982），以此确定拟合直线方程式为：$Y=-0.0748X+1.369$
（X 为试验时间对数值，Y 为试验压力对数值），如图 8-3-11 所示。根据线性方程，得出
服役后塑料合金管试样 1000h 下对应的试验压力为 13.95MPa。

服役后带现场接头的塑料合金管在 13.95MPa 试验压力下 1000h 存活试验中管体未发
生渗漏、表面分层和开裂现象，现场接头未出现渗漏，压力—时间曲线如图 8-3-12 所

示。结果表明，服役后的塑料合金管通过了 1000h 存活试验，在此条件下可以安全服役至其设计寿命。

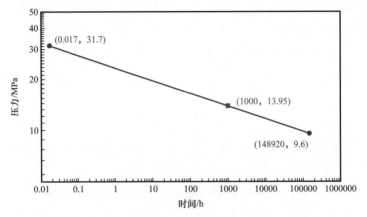

图 8-3-11　服役后塑料合金管服役寿命与压力关系图

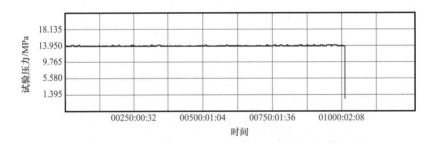

图 8-3-12　服役后塑料合金管 1000h 存活试验水压—时间曲线

服役前后塑料合金管管体和接头承压性能评价试验汇总结果见表 8-3-4。服役前后塑料合金管管件的水压爆破强度和静水压试验（包括接头样品）结果均满足 SY/T 6770.3—2018 标准要求，表明塑料合金管具有良好的承压性能；服役后带接头塑料合金管在 13.95MPa 试验压力下的 1000h 存活试验合格，表明在当前服役条件下，塑料合金管管体及接头满足服役环境可靠性及设计寿命要求。

表 8-3-4　塑料合金管管体及接头承压性能试验结果

样品	测试项目	测试结果	结论
DN65 PN6.4 MPa 塑料合金管	水压爆破	服役前：59.8MPa，59.3MPa 服役后：38.7MPa，31.7MPa	满足 SY/T 6770.3—2018 要求
	静水压	试验压力升至公称压力的 1.5 倍，保压 10min 后，服役前后塑料合金管管体均无开裂、无渗漏，服役后样品接头无渗漏	满足 SY/T 6770.3—2018 要求
	13.95 MPa、1000h 存活试验	未发生渗漏、开裂等失效现象	1000h 存活试验合格

四、柔性复合管可靠性评价

1. 水压爆破试验

采用 XGNB 型非金属管材爆破试验机对服役前的两根 DN65 PN6.4 MPa 柔性复合管进行水压爆破试验。如图 8-3-13 所示，两根管件失效压力分别为 33.2MPa 和 32.2MPa，满足 SY/T 6662.2—2020《石油天然气工业用非金属复合管 第 2 部分：柔性复合高压输送管》中短时失效压力不应小于 3.0 倍公称压力的规定，失效形式均为管体爆破。

同样采用 XGNB 型非金属管材爆破试验机对服役后两根 DN65 PN6.4 MPa 柔性复合管进行水压爆破试验。如图 8-3-14 所示，两根样品失效压力分别为 35.3MPa 和 34.7MPa，满足 SY/T 6662.2—2020 中短时失效压力不应小于 3.0 倍公称压力的规定，失效形式均为管体爆破。

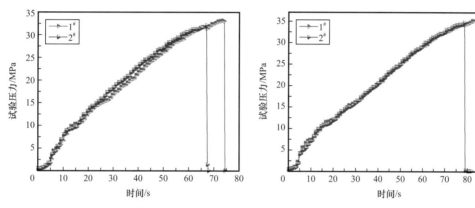

图 8-3-13　服役前柔性复合管水压爆破曲线　图 8-3-14　服役后柔性复合管水压爆破曲线

2. 静水压试验

依据 SY/T 6662.2—2020 标准，采用 XGNB 型非金属管材水压试验机对服役前后 DN65 PN6.4 MPa 柔性复合管进行短时静水压试验。两根管件水压试验曲线如图 8-3-15 和图 8-3-16 所示，试验压力升至公称压力的 1.5 倍，保压 4h 后，服役前后柔性复合管管体均无开裂和渗漏，表明柔性复合管管件短时静水压试验结果满足 SY/T 6662.2—2020 标准规定。

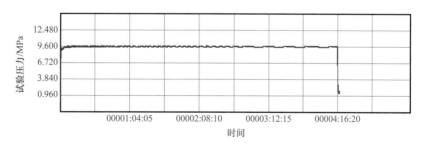

图 8-3-15　服役前柔性复合管短时静水压试验水压曲线

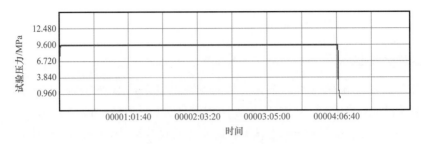

图 8-3-16　服役后柔性复合管短时静水压试验水压曲线

3. 1000h 存活试验

取服役后 DN65 PN6.4 MPa 柔性复合管试件 60s（0.017h）对应的爆破压力 34.7MPa 作为计算 1000h 存活试验的基本数据。根据 SY/T 6794—2018（API 15S）1000h 存活试验压力计算方式，该管线于 2018 年投产，已运行 3 年，取 17 年时间对应的压力为公称压力乘以压力安全系数，即 6.4×1.5=9.6MPa。计算服役后柔性复合管试样 1000h 存活试验试验压力所需参数，见表 8-3-5。

表 8-3-5　服役后柔性复合管 1000h 存活试验压力计算参数

试验时间	室温爆破压力	剩余服役年限	1.5 倍公称压力
60s（0.017h）	34.7MPa	17 年（148920h）	9.6MPa

线性方程求解：根据两组数据（0.017，34.7）和（148920，9.6），取对数（lg）得到（-1.770，1.540）和（5.173，0.982），以此确定拟合直线方程式为：$Y=-0.0804X+1.398$（X 为试验时间对数值，Y 为试验压力对数值）。如图 8-3-17 所示，根据线性方程，服役后柔性复合管试样 1000h 下对应的试验压力为 14.35MPa。

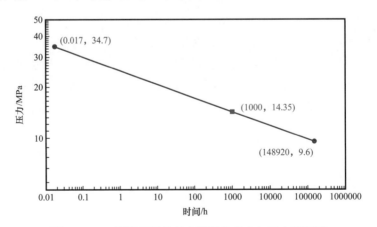

图 8-3-17　服役后柔性复合管服役寿命与压力关系图

服役后带现场接头柔性复合管在 14.35MPa 试验压力下 1000h 存活试验中管体未发生渗漏、表面分层和开裂现象，现场接头未出现渗漏，但观察到管体由接头向外发生轻微拔脱痕迹，压力—时间曲线如图 8-3-18 所示。结果表明，服役后的柔性复合管通过了 1000h 存活试验，在此环境条件下可以安全服役至其设计寿命。

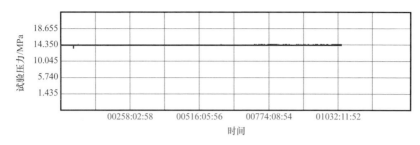

图 8-3-18　服役后柔性复合管 1000h 存活试验水压—时间曲线

服役前后柔性复合管管体及接头承压性能评价试验结果汇总见表 8-3-6。服役前后柔性复合管试件水压爆破强度和短时静水压试验结果均满足 SY/T 6662.2—2020 标准要求，表明柔性复合管具有良好的承压性能；服役后带接头柔性复合管在 14.35MPa 下的 1000h 存活试验合格，表明在当前服役条件下，柔性复合管管体及接头满足服役可靠性及设计寿命要求。

表 8-3-6　柔性复合管管体及接头承压性能试验结果

样品	测试项目	测试结果	结论
DN65 PN6.4 MPa 柔性复合管	水压爆破	服役前：33.2MPa，32.2MPa 服役后：35.3MPa，34.7MPa	满足 SY/T 6662.2—2020 要求
	静水压	试验压力升至公称压力的 1.5 倍，保压 4h 后，服役前后柔性复合管管体均无开裂、无渗漏	满足 SY/T 6662.2—2020 要求
	14.35MPa、1000h 存活试验	未发生渗漏、开裂等失效现象	1000h 存活试验合格

参 考 文 献

［1］陶佳栋，卢明昌，曾万蓉. 玻璃钢管道在油气田的应用与发展［J］. 石油管材与仪器，2017，3（5）：1-4.

［2］全娇娇. 集输油用柔性复合管的环境适用性评价研究［D］. 西安：西安石油大学，2020.

［3］王涛. 柔性复合管在油田集输中的应用探析［J］. 中国石油石化，2017（1）：80-81.

［4］段继海，姜永刚，张自生. 氯化聚乙烯生产技术的研究进展［J］. 合成材料老化与应用，2018，47（3）：119-124.

第九章 腐蚀防护中的选材

正确合理选材是一个调查研究、综合分析与比较鉴别的复杂而细致的过程，是防腐蚀设计关键技术之一。同一种金属材料在一些环境中是耐腐蚀的，但在另外一些环境中则不耐腐蚀。油田管道的腐蚀过程复杂多变，不同油区、不同介质，甚至同一介质的不同工作环境，腐蚀机理、腐蚀形态等不同。因此，根据使用介质环境正确地进行选材，是提高材料服役可靠性和延长使用寿命最基本、最重要的环节。

合理的选材除考虑材料要具有一定的耐蚀性外，一般还要考虑材料必须要具有的强度、硬度、弹性、塑性、冲击韧性、疲劳性能等机械性能，耐热、导热、密度等物理性能及加工、铸造、焊接等工艺性能。同时，选材要优先考虑国产的、价廉质优的、资源丰富的材料。一般在可以用普通结构材料如钢铁、非金属材料等时，不采用昂贵的贵金属。

纯金属耐腐蚀的原因可以归结于以下三个方面：一是由于自身的热力学稳定性而耐蚀；二是由于钝化而耐蚀；三是由于形成有保护作用的腐蚀产物膜而耐蚀。油田管道管材基本全是合金材料，合金的耐蚀性仍然取决于于上述三方面的因素。加入适当的合金化元素，可以进一步提高材料的热力学稳定性，或提高材料钝化能力及形成表面保护膜的能力，从而大大地提高材料的耐蚀性。

第一节 选材要点及材料特性

一、选材时应考虑的因素

1. 明确工作环境

材料的选定主要是通过工艺流程中各种环境因素来决定的[1]。选材时必须了解的介质环境因素包括化学因素和物理因素。以油田输送液体介质管道为例，化学因素包括介质的组分、pH 值、氧含量、可能发生的化学反应等；物理因素包括介质温度、流速、受热和散热条件、受力种类及大小等。

2. 查阅权威手册，借鉴失效经验

查阅已公开出版的手册、文献，对于选材十分有益。可供查阅的材料腐蚀性能手册主要有：左景伊编写的《腐蚀数据手册》，朱日彰等编写的《金属防腐蚀手册》；美国腐蚀工程师协会（NACE）出版的《Corrosion Data Survey》等。

3. 腐蚀试验

资料中所列的使用条件有时与实际使用条件并不完全一致，这时就必须进行腐蚀试验。腐蚀试验应是接近于实际环境的浸泡试验或模拟试验，条件许可时还应进行现场（挂片）试验，甚至实物或应用试验，以便获得材料可靠的腐蚀性能数据。

4. 兼顾经济性与耐用性

保证管道在使用期内性能可靠的前提下，要考虑所选材料是否经济合理。一般不要选用比确实需要的材料还要昂贵的材料。采用完全耐蚀的材料并不一定是正确的选择，应在充分估计预期使用寿命的范围内，平衡一次投资与经常性的维修费用、停产损失、废品损失、安全保护费用等。对于长期运行的、一旦停产可造成巨大损失的管道，选择耐蚀材料往往更经济。对于短期运行的管道、易更换的简单管件，则可以考虑用成本较低、耐蚀性较差的材料。就环境而言，在苛刻的腐蚀环境中，大多数情况下，采用耐腐蚀材料比选用廉价材料附加昂贵的保护措施更为可取。

5. 考虑防护措施

在选材的同时，应考虑行之有效的防护措施。适当的防护如涂层保护、电化学保护及施加缓蚀剂等，不仅可以降低选材标准，而且有利于延长材料的使用寿命。

6. 考虑材料的加工性能

材料最后的选定还应考虑其加工焊接性能，加工后是否可进行热处理，是否会降低耐蚀性。

二、防腐蚀选材与设计注意事项

对一个防腐工程技术人员和设计者来说，要进行正确合理的选材，既必须具备丰富的防腐知识，充分掌握材料及工程方面的知识，又要有经济观点、解决现实问题的能力和丰富的实践经验。正确的选材能保证管道正常运转，发挥材料的使用寿命，经济效果也好。在"材料—环境"体系中，对材料的要求是：

（1）化学性能或耐腐蚀性能满足生产要求；

（2）物理、机械和加工工艺性能满足设计要求；

（3）总的经济效果优越。

选材时不仅要考虑介质的组成，还应注意介质中所含的杂质。因为有很多实例表明，微量杂质有时会是腐蚀的主要因素。例如原油中含有少量的硫，会使腐蚀剧增。大气中含有微量的二氧化硫和硫化氢，也使腐蚀性大大增强，还会引起管道的应力腐蚀破裂。

除考虑主要介质和微量杂质之外，还要注意微生物和霉藻之类的东西。例如硫酸盐还原细菌就是引起石油和土壤腐蚀的一个重要因素。在埋地管道中常会遇到霉藻类的腐蚀。

在油田管道防腐工程选材设计时，还应考虑介质的温度波动范围。在超过材料规定的应用温度范围时，材料便不能选用。温差大时要注意符合防腐蚀材料的黏结强度，当膨胀应力大于黏结强度时，衬层易脱离造成渗漏，造成介质腐蚀基体破坏。

三、常用防护方法及材料耐蚀性

1. 常用腐蚀防护方法适用范围

常用腐蚀防护方法及其适用范围[2]见表9-1-1。

表9-1-1　腐蚀防护方法选择表

序号	防护方法	主要防护项目	使用的场合	备注
1	电化学保护	阴极保护	腐蚀不强烈的场合，如土壤、盐类溶液	不能用于强酸、碱介质中的保护
		阳极保护	适用于碳钢、不锈钢等设施对盐溶液、强腐蚀介质的保护	不能钝化的金属不得选用
		护屏保护	适用于土壤和盐溶液对设备重要部件的保护	不适用于强腐蚀介质中对碳钢的保护
		阴极保护与涂料联合	地下管道、设备防腐	广泛用于石油、天然气地下管道和油罐保护
2	缓蚀剂保护	缓蚀剂单独保护	各类酸类介质都有特定的物质作为缓蚀剂，可用于酸洗、油井防垢等场合	适合特殊场合，不适合温度较高的场合
		缓蚀剂和阴极保护联合保护法	应用于特殊的场合防酸腐蚀	适用于31%工业盐酸等介质中
		水质稳定处理	具备防腐蚀防结垢的特性，适用于循环水处理	
3	金属表面覆盖层保护	电镀	适合于防锈、装饰和某些介质中防腐蚀	不适合于强腐蚀介质中
		喷镀	防大气和某些盐类介质腐蚀	表面必须用涂料封闭
		金属搪焊层	适用于强腐蚀介质的防护，以搪铅为代表，常用于复合衬里的底层	多为非金属覆盖层代替
		金属衬里层	最常用的有铅衬、衬不锈钢，可节约有色金属及合金	衬不锈钢应用逐渐广泛
		无机涂层和搪瓷涂层	涂层强度高、密实性好，但不抗冲击，易破损，可耐多种介质腐蚀	具有传热作用，是重要的化工设备，不适用于复杂形状设备的搪烧

序号	防护方法	主要防护项目	使用的场合	备注
3	金属表面覆盖层保护	搪玻璃层	用玻璃吹制贴衬设备表面，与搪瓷具有同样的作用	可用于管道内壁防腐蚀
		胶泥防护层	以合成树脂胶泥为主，若加鳞片玻璃填料效果更好，可降低防腐蚀施工成本	目前国内处于推广阶段
		防腐蚀涂料	适用于大气、土壤和腐蚀性不强的场所	不适用于强腐蚀介质中
		防腐蚀涂料与阴极保护并用	适用于地下管道、油罐、含硫污水罐防腐蚀	目前国内已推广应用，多用于地下管道等
		砖板衬里	适用于各种介质防腐蚀，石墨衬里还具有耐腐蚀导热性能	适应性最强的防腐方法
		橡胶衬里	适用很广、工艺成熟，可用于强腐蚀介质	适用于大型设备，现场施工方便
		衬玻璃钢	树脂以环氧、聚酯、酚醛、呋喃四类为主，可在强腐蚀介质中应用	目前应用最多，适应较广
		塑料衬里	可用于多种设备衬里，品种不断增加，可用于强腐蚀介质中	分为软塑和硬塑、酚醛、石棉塑料衬里
		塑料喷涂层	乙烯、四氟、环氧、聚酯粉末喷涂，适用于强腐蚀介质	施工难度大，造价高，现已在各工业领域中应用
4	选择有色金属和合金材料制作设备和管道	铬钢	具有良好的耐酸性能，应用广泛	适合于铸件加工
		奥氏体不锈钢	具有良好的耐酸性能，有多种牌号，应用广泛	有发生晶间腐蚀的倾向，需正确选用
		含钼不锈钢	可用于还原酸防护	价格高
		低合金钢	适合于海水等场合，品种较多	国内有多种钢号，含稀土钢应用正在发展
		铅锑合金设备	用于浓酸工业制作大型设备	价格较高
		铝	对大气、一些盐溶液稳定，对浓硝酸稳定	不适合稀酸及碱介质中应用
		钛制设备	对次氯酸、湿氯稳定，对浓硝酸稳定	推广应用价值高
		硅铁设备	耐强酸腐蚀良好，设备较脆，易损坏	国内可制作直径 1m 的塔节

续表

序号	防护方法	主要防护项目	使用的场合	备注
5	选择非金属结构设备	塑料设备	可制作大型槽设备，不耐压，常压使用	以聚乙烯、聚丙烯等为主
		玻璃钢设备	可做各种大型贮罐、反应塔、管道、耐酸泵，强度高、质量轻，耐腐蚀	用途广泛，目前国内大力发展
		不透性石墨设备	唯一导热非金属材料，可作换热器、吸收塔衬里设备	国内有耐酸型和耐酸碱型两种不透性石墨
		耐酸混凝土设备	耐酸混凝土贮酸槽	造价低，施工要求严格，防腐效果好
		合成树脂混凝土设备	以环氧树脂和聚酯为主，可制地坪、贮槽	工艺成熟，可推广应用
		天然石材设备	以花岗岩为主，可制作罐槽，可整体加工一些设备，可做腐蚀地坪	资源丰富，造价低，国内为推广阶段

2. 不同材料的适用范围

常用金属材料在典型介质中的相对耐蚀性见表 9-1-2。

表 9-1-2　常用金属材料耐蚀性能

材料名称	酸性介质		碱性介质		盐溶液			突出性能
	氧化性酸	还原性酸	稀碱	浓碱	酸性	碱性	中性	
钢	耐	不耐	耐	不耐	不耐	尚耐	尚耐	耐浓硫酸、硫酸与硝酸混酸等
铸铁	耐	不耐	耐	尚耐	不耐	尚耐	尚耐	
奥氏体不锈钢	耐<65% 硝酸	不耐	耐	不耐	尚耐	耐	耐	耐稀硝酸，不耐含氯离子介质
含钼不锈钢	不耐	尚耐	尚耐	尚耐	耐	耐	耐	耐磷酸介质
铅	不耐	不耐	尚耐	不耐	尚耐	尚耐	尚耐	耐稀硫酸、磷酸、铬酸
铝	耐硝酸	不耐	不耐	不耐	不耐	不耐	尚耐	耐硝酸
铜	不耐	尚耐	耐	尚耐	耐	耐	耐	耐碱、海水、大气、某些酸类
镍	不耐	尚耐	耐	耐	尚耐	耐	耐	耐浓碱
银	不耐	耐	耐	耐	耐	耐	耐	耐盐酸、氢氟酸，耐浓碱，不耐王水
金	耐	耐	耐	耐	耐	耐	耐	
钛	耐	不耐	尚耐	耐	耐	耐	耐	耐次氯酸良好

第二节　耐腐蚀金属材料

一、金属的热力学稳定性

金属在介质溶液中的腐蚀反应是由金属氧化为金属离子和溶液中去极化剂还原这一对共轭电化学反应构成的，即：

$$M \rightleftharpoons M^{n+} + ne^- \tag{9-2-1}$$

$$O + ne^- \rightleftharpoons R \tag{9-2-2}$$

式中，O 和 R 分别代表去极化剂的氧化态和还原态。反应的平衡电极电位为：

$$E_e = E^0 + \frac{RT}{nF}\ln\alpha_{M^{n+}} \tag{9-2-3}$$

$$E_e' = E^{0'} - \frac{RT}{nF}\ln\alpha_0 \tag{9-2-4}$$

共轭反应式（9-2-1）和式（9-2-2）发生的热力学条件是去极化剂 O 的还原反应的平衡电位 E_e'，高于金属 M 的氧化反应的平衡电位 E_e，二者差值越大，腐蚀反应的热力学倾向就越大。金属在介质溶液中发生腐蚀时，大多数情况下去极化剂是溶液中的氢离子或氧，阴极反应为：

$$H^+ + e^- \rightleftharpoons \frac{1}{2}H_2 \tag{9-2-5}$$

或

$$O_2 + 2H_2O + 4e^- \rightleftharpoons 4OH^- \tag{9-2-6}$$

根据式（9-2-4）可以得到上述反应的平衡电位随溶液 pH 值变化的关系，在每条平衡线上方，反应沿氧化方向进行，在平衡线下方，反应沿还原方向进行。因此，如果某种金属氧化反应的平衡电位位于吸氧反应（或析氢反应）平衡线下方，就可以发生金属氧化与氧还原（或氢原子还原）的共轭反应，从而导致金属腐蚀。

根据式（9-2-3），金属氧化的平衡电位和溶液中金属离子活度 α_M^{n+} 有关，当 $\alpha_M^{n+}=1$ 时，$E_e = E_0$。E_0 称为标准平衡电极电位，可以表征不同金属溶解为金属离子的倾向。E_0 值越高，式（9-2-1）反应越不容易向右方进行，金属的热力学稳定性就越高。

根据上述析氢反应和吸氧反应的平衡电位与溶液 pH 值的关系可以得到三个特征值：中性水（pH=7）中的标准氢电极电位是 -0.414V，在酸性水（pH=0）中为 0，中性水中吸氧反应的平衡电位为 0.815V。根据这三个特征值可以将金属分为以下四类。

1. 不稳定类金属

标准电位小于 −0.414V。这类金属在中性水中就能发生析氢或吸氧腐蚀，包括 Li、Na、K、Be、Mg、Ca、Ba、Al、Ti、Zr、V、Mn、Nb、Cr、Zn、Fe 等。

2. 不够稳定类金属

标准电位在 −0.414～0V 之间。这类金属在中性水中不会发生析氢腐蚀，当溶液含氧时会发生吸氧腐蚀，在酸性溶液中则会发生析氢腐蚀，包括 Cd、In、Tl、Co、Ni、Mo、Sn、Pb。

3. 较稳定类金属

标准电位位于 0～0.815V 之间。这类金属在不含氧的中性和酸性溶液中都不能腐蚀，只是在含氧溶液中会发生吸氧腐蚀，包括 Bi、Sb、As、Cu、Rh、Hg、Ag 等。

4. 稳定类金属

标准电位高于 0.815V。这类金属在含氧的中性水中也不会腐蚀，仅在含氧酸性溶液中有可能腐蚀，包括 Pd、Ir、Pt、Au、Ta 等。

油田管道管材均是合金，固溶体合金的电极电位一般位于其组成金属的电极电位之间。因此，在电位较负的金属中加入电位较正的金属进行合金化后，合金的热力学稳定性将介于两组成金属之间。

耐腐蚀性主要取决于材料自身热力学稳定性的常用金属材料有铸铁、碳钢和普通低合金钢、铜与铜合金、镍与镍合金等。铸铁和碳钢耐蚀性较差；铜、铜合金及镍属于比较稳定的材料，在盐溶液和中等腐蚀性的非氧化介质中有良好的耐蚀性；镍铜合金（蒙乃尔合金）、镍钼铁合金（哈氏合金）等稳定性更高，有很强的耐还原性酸腐蚀的能力，但仍然不耐强氧化性介质腐蚀。贵金属钽、铂、金是稳定性最高的金属材料。

二、金属的钝化

大部分金属材料自身的热力学稳定性并不高，但在腐蚀介质中表面能够形成钝化膜而使耐蚀性大大提高。常用的可钝化金属材料有镁与镁合金、铝与铝合金、不锈钢、钛与钛合金等，其中用量最大的是奥氏体不锈钢。

根据含铬量的多少，奥氏体不锈钢可以分为三个等级：18Cr-8Ni 型不锈钢（304 型）、18Cr-12Ni-2Mo 型不锈钢（316 型）和 20Cr-25Ni-4.5Mo-Cu 型。含铬量越高，钝化能力越好，耐腐蚀性越强。后两种类型不锈钢中由于 Ni、Mo、Cu 等元素含量增多，耐非氧化性介质和氯离子腐蚀的能力也有所提高。

金属的钝化发生在氧化性或含氧介质中，在非氧化性或还原性介质中由于钝化膜不稳定，耐蚀性不佳，当介质中含有能破坏钝化膜的卤离子时，耐蚀性也会大大降低。

1. 金属表面的腐蚀产物膜

有些金属材料不能够钝化，但在腐蚀介质中表面能够形成致密的腐蚀产物薄膜层，从而阻碍进一步的腐蚀。例如铅在稀硫酸溶液中，铁在磷酸溶液中，钼在盐酸溶液中，镁在氢氟酸或碱液中，锌在大气中等。这类材料在特定环境中通常有较好耐蚀性，但如果介质条件改变，表面不能维持保护性良好的腐蚀产物膜层，耐蚀性就会明显降低。

2. 腐蚀介质的类别

油田管道腐蚀介质种类繁多，腐蚀性差别很大，常见的管道服役环境有大气、土壤和酸、碱、盐、有机化合物等管输介质。

金属的大气腐蚀与金属表面附着的一层薄水膜有关，腐蚀的阴极反应是水膜中的溶解氧的还原。通常金属表面的潮湿程度越大，大气腐蚀速度越高。大气腐蚀的速度也与大气的组成有关，当大气中存在二氧化硫、三氧化硫、硫化氢、氯化物和固体悬浮颗粒时，都会明显促进腐蚀。因此，工业性污染大气腐蚀性最强，其次是城市和沿海地区的大气，内陆农村地区的大气腐蚀性最弱。

土壤是一种多孔性的无机、有机胶质颗粒体系，土壤的孔隙由空气、水和盐类所充满，因此是一种电解质。埋地管道在土壤中的腐蚀通常是氧去极化腐蚀，土壤的含水量、含氧量和导电性对腐蚀速度有着直接的影响。

酸性管输介质包括无机酸和有机酸。无机酸，又可分为非氧化性酸和氧化性酸两类。金属管道在非氧化性酸中腐蚀的阴极反应是氢离子还原反应，由于酸中不含氧化剂，不能使金属钝化，金属管道在非氧化性酸中主要依靠其热力学稳定性来抵抗腐蚀。盐酸和氢氟酸是典型的非氧化性酸。

氧化性酸中除了可以发生氢离子还原反应以外，腐蚀反应的阴极过程主要是氧化剂的还原，例如在硝酸中腐蚀的阴极反应是硝酸根离子还原为亚硝酸根离子。金属在氧化性酸中能够钝化，因此可选用能够钝化的金属管材管道用于氧化性酸介质，如铝、不锈钢、钛合金等。

有机酸与无机酸相比一般酸性较弱，如乙酸、丙酸等在室温下腐蚀性都不强，但随温度升高腐蚀明显增强。沸腾的甲酸和乙酸有很强的还原性，因此对不锈钢具有较强的腐蚀性，这种环境可以选用铜合金或钛合金。

金属在碱溶液中的腐蚀是氧去极化腐蚀。碳钢在常温下各种浓度的碱液中，由于表面形成氢氧化铁膜而耐蚀性优良，但在80℃以上的高温碱液中不耐蚀。奥氏体不锈钢有较好的耐高温碱腐蚀性能。镍和各种镍基合金耐碱性最佳。

常见的无机盐溶液的腐蚀特性见表9-2-1。

有机化合物在水溶液中的离子化倾向很低，一般不具有氧化性。大多数有机化合物如醇、醚、酮，各种烃类等对金属的腐蚀性很微弱。少数有机物如醛类、酚、有机氯化物、有机硫化物等具有腐蚀性，随温度升高腐蚀性增强。

表 9-2-1　无机盐溶液的腐蚀特性

种类			腐蚀阴极反应	腐蚀特性
非氧化性盐	中性盐	NaCl、KCl、Na$_2$SO$_4$、K$_2$SO$_4$ 等	氧去极化	腐蚀性随氧浓度增大而增大
	酸性盐	NH$_4$Cl、MgCl$_2$、FeCl$_2$ 等	氢去极化 + 氧去极化	腐蚀性接近相同 pH 值的酸溶液
	碱性盐	NaNO$_3$、Na$_2$S 等	氧去极化	相当于稀碱溶液，腐蚀性较弱
氧化性盐	中性盐	NaNO$_3$、NaNO$_2$、KMnO$_4$ 等	氧化性阴离子的还原	可促使钢铁钝化
	酸性盐	FeCl$_3$、CuCl$_2$、NH$_4$NO$_3$ 等	高价金属阳离子还原为低价离子	有强烈氧化性，腐蚀性很强
	碱性盐	NaClO、Ca（ClO）$_2$	氧化性阴离子的还原	腐蚀性较强

三、耐腐蚀材料的选用过程

管输介质的主要特征参数包括介质组成、温度、流速、压力、固体颗粒种类与含量等，其中最重要的参数是介质组成和温度。

介质组成决定其氧化性或还原性、酸碱性，除了要搞清楚介质的主要成分以外，还必须了解主要侵蚀性杂质的种类与含量。例如：微量的氯离子即可破坏钝化，氧和氧化剂的存在能促进可钝化金属发生钝化，也可能加速非钝化金属的腐蚀。在有机介质中，水含量和介质导电性对腐蚀也有重要影响。

大多数介质的腐蚀性随温度升高而显著增大，在室温下耐蚀性良好的材料，在高温下可能完全不耐蚀。

在强还原性或非氧化性环境中，由于材料不易钝化或钝化膜不稳定，因此不宜使用可钝化材料，应选择依靠自身热力学稳定性耐腐蚀的材料，如铜与铜合金、镍与镍合金等。

在氧化性环境中应选择可钝化材料，如不锈钢等，氧化性很强的环境可选用钛与钛合金等。

在氯离子环境中不宜使用钝化金属材料，普通 18-8 型不锈钢和铝合金在氯离子环境中容易发生孔蚀、缝隙腐蚀和应力腐蚀破裂。高镍钼型不锈钢有一定的耐孔蚀能力，但在受力状态下存在应力腐蚀倾向，在低氯离子介质中应慎重使用。钛合金有较强的耐氯离子侵蚀能力。

按允许的腐蚀速度使用不同类型的材料和构件，耐蚀性相对较低的通用材料一般可允许有较高的腐蚀速度，可参考表 9-2-2。

对受力管道，特别要防止发生应力腐蚀破裂，选材时要避免可能导致应力腐蚀的材料—介质组合。

表 9-2-2　不同材料和构件允许的最大腐蚀速度

腐蚀速率 /（mm/a）	耐蚀材料（不锈钢以上）	一般材料（碳钢）	管道、一般结构管件等
＜0.05	优	优	优
0.05～0.10	良	良	良
0.10～0.25	可考虑使用	可用	可用
0.25～0.50	不可用	可用	可用
0.50～1.00	不可用	可考虑使用	可考虑使用
＞1.00	不可用	不可用	不可用

四、铁碳合金的耐蚀性

铁碳合金——碳钢和铸铁是管道中应用最广泛的合金。铁碳合金价格低廉，机械性能与工艺性能良好，在耐蚀性能方面，尽管铁的电极电位较负，在自然条件下（大气、水及土壤中）化学稳定性较低，但是可采用其他金属保护层，或采用涂料、添加缓蚀剂及电化学保护等防腐蚀措施提高其耐蚀性。在某些介质中碳钢和铸铁具有良好的耐蚀性能，可作为耐蚀结构材料使用。通常只有在铁碳合金不能满足要求时，才选用合金钢。

1. 显微组织与化学成分对耐蚀性的影响

1）显微组织

铁碳合金基本组成相是铁素体（F）、渗碳体（Fe_3C）和石墨（C），它们具有不同的电极电位，石墨的电位最高，为 0.37V，铁素体的电位最低，为 -0.44V，渗碳体电位介于二者之间。由于组织的非均一性，当铁碳合金与电解质溶液接触时，表面必然形成较大电位差的微电池作用，其中渗碳体和石墨是阴极，铁素体是阳极，从而造成铁碳合金的强烈腐蚀。

铁碳合金从高温奥氏体冷却下来后，其各种组织产物对介质的腐蚀作用有着不同程度的影响。

在化学成分相同的情况下，过冷奥氏体在高温区转变的珠光体、索氏体和屈氏体三种组织，以珠光体组织抗蚀性最好，其次是索氏体，最差的是屈氏体。这是因为钢在连续冷却转变过程中，随着过冷度增大，碳化物弥散度依次递增，使得氢去极化腐蚀的有效阴极面积增加。淬火马氏体虽然内应力较大，电位较铁素体低，但它是单相固溶体。所以，它的腐蚀速度较二相组织的珠光体稍小。

管材中作为阴极相的硫化物、氧化物及硅酸盐等夹杂物的存在会降低管材的耐蚀性能，也容易诱发局部腐蚀。

铸铁中石墨的大小、形状、数量及分布，影响着电化学腐蚀程度。当片状石墨大小适当，互不相连时，阻碍外部电解液的渗入，对耐蚀性较为有利。石墨呈球状或团絮状比呈片状耐蚀性更好。

2）合金元素

铁碳合金中除碳元素外，还含有少量锰、硅、硫、磷等元素[3]。

（1）碳的影响。

碳对腐蚀性的影响依介质类型而定。在还原性酸中，随着含碳量增加，碳钢和铸铁的腐蚀速度加大。铸铁腐蚀率较碳钢高。这是因为氢去极化腐蚀过程中，碳量增加，渗碳和石墨数量增多，使阴极面积加大，氢过电位减小，腐蚀速度加快。

在氧化性酸中，当含碳量较低时，渗碳体数量也较少，故未能促进合金钝化。此时，合金处于活性状态，腐蚀速度随合金中阴极相（渗碳体）的数量增多而增大；当含碳超过一定限量时，则会促进铁碳合金钝化，腐蚀速度下降。铸铁中有比较多的电位比渗碳体更正的石墨相，使阴极相面积增大，有利于阳极相的钝化，促进钝态的出现。这样，由于足够数量阴极相的存在，提高了阳极相的稳定性，因而在可能产生钝化状态的介质中，铸铁有较高耐蚀性。

在主要是氧去极化腐蚀的介质中，如大气、中性或弱酸性溶液中，含碳量对腐蚀速度影响不大。

（2）硅和锰的影响。

钢中含硅量通常在 0.12%～0.3% 之间，铸铁的含硅量大于 1%。铸铁中含硅量大于 3% 时，由于硅能促使渗碳体分解而析出石墨，使它们在非氧化介质中的化学稳定性甚至稍有降低。只有当含硅量大于 1% 时，即硅铁成分之间的关系符合 $n/8$ 定律中相当于稳定性的第二台阶（$n=2$），这时形成致密的二氧化硅保护膜，合金耐蚀性才有显著提高。

碳钢内含锰量一般为 0.5%～0.8%，灰铸铁含锰量大致为 0.5%～1.4%。在此范围内，锰对钢的机械性能和化学稳定性无显著影响。

（3）硫和磷的影响。

从腐蚀方面看，硫与铁或锰生成的硫化物在合金中呈单独的阴极相存在，这种阴极相夹杂物增加微电池数目，并且易生成硫化氢，产生氢去极化作用，从而加速铁碳合金在酸性溶液中的腐蚀。此外，由于这种硫化物存在于晶界上，导致钢铁在电解液中出现晶间腐蚀的可能。

硫的存在使含硫化物的金属区域上所形成的膜，比其他表面上生成的膜保护性差，因而降低金属的化学稳定性。特别是当金属与大气和中性水溶液接触时，硫促使产生局部腐蚀，表现出明显的有害作用，硫化物类杂质明显促进孔蚀萌生。

硫对抗氢腐蚀及硫化氢应力腐蚀是不利的，提高含硫量促使氢诱发破裂敏感性上升，缩短氢腐蚀和氢脆破坏时间。

铁碳合金中的磷含量在正常范围内变动时，对于大气和中性溶液介质，其耐蚀性能影响不大。只是当磷含量进一步提高（达 1.0% 以上），特别是与铜配合使用时，有抗大气腐蚀的作用。

磷也是对硫化氢应力腐蚀有不良作用的元素，其有害程度次于硫。

2. 铁碳合金在各种介质中的腐蚀行为

金属的腐蚀除与金属本身组织结构及化学成分有关外，还取决于周围介质的性质。一般，在 pH 值小于 4 的非氧化性酸性溶液中，发生强烈的氢去极化腐蚀，阴极过程是氢离子的去极化反应：$2H^+ + 2e^- \longrightarrow H_2$。pH 值在 4～9 范围内时，腐蚀速度由氧扩散到金属表面的速度决定，氧的扩散不受 pH 值影响，因此腐蚀速度与 pH 值无关。此时，金属的腐蚀速度与氧的浓度有关，随着含氧量升高，铁的腐蚀速度加大。当 pH 值上升到 9 以后，由于铁在碱性溶液中会生成不溶性氢氧化铁保护膜，腐蚀速度随 pH 值上升而下降，当 pH 值达到 12 时腐蚀速度降低至接近于零。当 pH 值大于 14 以后，由于氢氧化铁转变为可溶性亚铁酸根离子（FeO_3^{4-}）或高铁酸根离子（$Fe_2O_4^{2-}$），腐蚀速度重新上升。

下面分别为铁碳合金在不同介质中的腐蚀行为。

1）大气及水中的腐蚀

碳钢在大气中的腐蚀率与所在地区的温度、湿度及大气中杂质等因素有密切关系。总的来说，碳钢在含有 SO_2、CO_2、HCl 等杂质的工业大气中腐蚀最严重（0.2～0.25mm/a）；乡村大气中腐蚀最弱（0.05～0.06mm/a）。

铁碳合金在淡水中的腐蚀速度与水中溶解氧的浓度有关。开始时，随着氧含量的增高，氧作为去极化剂而加速腐蚀，当氧浓度达到某一定值时，微电池电流可能超过致钝电流，使金属表面因生成氧化膜而发生钝化。

铁碳合金在含有矿物质的硬水中的腐蚀比在软水中慢，这是由于硬水可能会产生不溶解的碳酸钙垢附着在金属表面上，阻止金属与氧的接触，从而减少腐蚀。当水中溶有二氧化碳、二氧化硫等气体时，会加速腐蚀。

2）盐类溶液中的腐蚀

由于盐溶液具有高的导电性，使金属在盐类溶液中比在水中腐蚀更为强烈。钢铁在盐类溶液中腐蚀速度与盐的种类，即盐在溶液中水解后的阳离子、阴离子的性质，腐蚀产物的溶解度以及能否在表面形成致密的保护膜有关。同时，也与溶液的浓度、温度以及氧扩散进入金属表面的量有关。

3）酸中的腐蚀

铁碳合金在不同类型的酸溶液中，腐蚀速度是不相同的。

盐酸是一种强腐蚀还原性酸，铁碳合金在盐酸中耐蚀性能极低。腐蚀过程中，由阴极氢去极化析出氢，并生成可溶性的腐蚀产物，不能阻止金属的继续溶解，铁碳合金在盐酸中的腐蚀速度随酸浓度的升高而急剧上升。随着酸溶液温度升高，铁碳合金在酸中氢的过电位减小，加速了腐蚀过程的进行。

五、低合金钢

低合金钢在其使用环境中通常都不能够钝化，合金元素的作用主要是提高表面锈层的致密性、稳定性和附着性。能够改善钢的耐蚀性的元素有铜、磷、铬、镍、钼、硅、铈等，其作用如下。

1. 铜

能显著改善钢的抗大气腐蚀性能，促使钢表面的锈层致密且附着性提高，从而延缓进一步腐蚀。当铜与磷共同加入钢中时作用更显著。含铜 0.2%～0.5% 的钢与不含铜的钢相比，在工业性大气中的耐腐蚀性提高 50% 以上。

2. 磷

是改善钢的耐大气腐蚀性能的有效元素之一，促使锈层更加致密，与铜联合作用时效果尤为明显。磷的加入量一般为 0.06%～0.1%，加入量过多会使钢的低温脆性增大。

3. 铬

是钝化元素，但在低合金钢中含量较低，不能形成钝化膜，主要作用仍是改善锈层的结构，经常与铜同时使用，加入量一般为 0.5%～3%。

4. 镍

其化学稳定性比铁高，加入量大于 3.5% 时有明显的抗大气腐蚀作用。镍含量在 1%～2% 时主要作用是改善锈层结构。

5. 钼

在钢中加入 0.2%～0.5% 的钼也能提高锈层的致密性和附着性，并促进生成耐蚀性良好的非晶态锈层。

6. 铈

少量的铈（0.1%～0.2%）与铜、磷、铬等元素配合加入钢中，可显著改善锈层的致密性和附着性。

7. 碳

提高碳含量会使钢的强度升高，但由于 Fe_3C 数量增多，耐蚀性明显下降，因此耐腐蚀低合金钢中的碳含量一般不超过 0.2%。

六、不锈钢

1. 不锈钢的类别

不锈钢是不锈耐酸钢的简称，通常指含铬量在 12%～30% 的铁基耐蚀合金。根据含铬量可分为两大类别，一类是在 12%～17% 的不锈钢，在大气中可自发钝化，主要用在大气、水及其他腐蚀性不太强的介质中；在腐蚀性较强的介质中，合金的铬含量需要在

17% 以上才能自发钝化，这类不锈钢又称"耐酸钢"。不锈钢可以按以下不同方式分类。

1）按显微组织分类

有奥氏体不锈钢、铁素体不锈钢、马氏体不锈钢、铁素体—奥氏体双相不锈钢、沉淀硬化不锈钢等。

2）按化学成分分类

有铬不锈钢、铬镍不锈钢、铬锰氮不锈钢、铬锰镍不锈钢等。

3）按用途分类

有耐应力腐蚀破裂不锈钢、高强不锈钢、易切削不锈钢等。

不锈钢最常用的分类方法是按显微组织分类。

2. 合金元素在不锈钢中的作用

不锈钢的耐蚀性由铬决定，不存在不含铬的不锈钢。在 Fe-Cr 合金的基础上加入其他元素，可以改变不锈钢的组织、耐蚀性和物理、力学及加工性能[3]。

1）铬

铬的作用是促使不锈钢发生钝化，加入量须达到 12% 以上；稳定铁素体 σ 相；是碳化物形成元素，能与钢中的碳形成 Cr_7C_3 和 Cr_6C 等类型的碳化物；Cr 与 Fe 在一定条件下会形成硬而脆的 Fe-Cr 金属间化合物，称 σ 相，导致钢的脆性；σ 相的析出倾向于随钢中铬含量增加而增加，因此不锈钢中铬含量一般不超过 30%。

2）镍

镍是扩大 γ 相区的元素，不锈钢中加入镍主要是为了获得奥氏体组织，铬含量为 18% 时，加入 8% 镍即可得到单相奥氏体。此外，镍的热力学稳定性比铁高，能提高不锈钢耐还原性介质腐蚀的性能。

3）钼

能显著提高不锈钢在还原性介质和含氯离子介质中的耐蚀性，也是强碳化物形成元素和稳定铁素体相的元素。

4）铜

铜与钼类似，能提高不锈钢耐硫酸、磷酸、盐酸等非氧化性介质腐蚀的能力，与钼联合作用时效果更显著。

5）钛和铌

钛和铌是强碳化物形成元素，可优先与钢中的碳结合生成 TiC 或 NbC，防止因晶界析出碳化铬引起的晶间腐蚀。

6）锰和氮

锰和氮都是奥氏体形成元素，主要应用于无镍或节镍的奥氏体不锈钢中，氮能提高不锈钢抗海水腐蚀的能力。

7）硅和铝

硅和铝能改善不锈钢抗氧化性介质腐蚀的能力。

8）碳

碳是钢中最重要的合金元素之一，是 γ 相形成元素，碳含量提高使钢强度增大，但由于碳化物数量增多，严重损害不锈钢的耐蚀性，特别是耐晶间腐蚀性能。除了少数马氏体钢以外，在大部分不锈钢中碳含量都控制在 0.12% 以下，耐蚀级别较高的不锈钢甚至要求低于 0.03%。

9）硫和磷

硫和磷都是降低耐蚀性的有害元素，但它们能改善钢的切削性能，作为合金元素在易切削不锈钢中被采用。

3. 不锈钢的耐腐蚀性能特点

不锈钢的耐蚀性依赖于其表面在腐蚀介质中形成的以铬的氧化物为主的钝化膜，因此不锈钢的"不锈"是相对的。在氧化性介质中不锈钢能够稳定钝化，有良好的耐蚀性；在还原性介质中，钝化膜不稳定，因而耐蚀性不良；在含有能破坏钝化膜的阴离子（如 F^-、Cl^-）的介质中，耐蚀性也不好。一般来说，不锈钢在氧化性酸如硝酸、浓硫酸及碱中有优良耐蚀性，在含氧或有氧化剂存在的中性和弱酸性水溶液中耐蚀性也较好；但在还原性酸如中等浓度的硫酸等介质中耐蚀性就较差，在盐酸中不耐蚀。

4. 不锈钢的主要腐蚀类型

钝化膜的主要组成是铬的氧化物，厚度一般是几个纳米。不锈钢使用过程中，由于化学溶解或机械损伤等原因使钝化膜发生局部破坏，就会产生局部区域的迅速腐蚀。不锈钢常见的腐蚀类型有以下几种[4-5]。

1）晶间腐蚀

当金属晶界区域的溶解速度大于其他区域的溶解速度时，就发生晶间腐蚀。铬是一种强碳化物形成元素，碳化铬的析出温度为 450～800℃，在 650～700℃ 之间析出速度最快。当不锈钢加热到固溶温度（约1050℃）时，钢中的碳几乎全部溶解到基体中，随后快速冷却到室温，不会析出碳化铬。但若在 450～800℃ 温区保温或缓冷，以（Fe，Cr）$_{23}$C$_6$ 为主的碳化物就会沿晶界析出，造成晶界附近铬含量降低。当铬含量低于钝化所需的临界浓度 12.5% 时，就具有了晶间腐蚀敏感性。因此将不锈钢在 450～800℃ 温区保温或缓冷的过程称为"敏化"。不锈钢的晶间腐蚀倾向于随铬含量升高而升高，因此大部分不锈钢的铬含量在 0.12% 以下，当铬含量不大于 0.07% 时，不锈钢在通常使用环境中不容易发生晶间腐蚀，对于耐蚀性要求很高的钢种，铬含量一般控制在 0.03% 以下。

2）孔蚀

由于 Cl⁻ 的侵蚀作用使不锈钢表面的钝化膜局部溶解，导致向纵深发展的腐蚀小孔，这种腐蚀形态称为孔蚀，在钢表面可观察到许多腐蚀斑点，因此常被称作"点蚀"。蚀孔一旦形成，由于孔内金属离子水解使孔内溶液酸性增大，同时外部阴离子向孔内富集，会维持较高发展速度，严重时可以洞穿金属，且不容易发现和预测，对不锈钢具有较大危害。

3）缝隙腐蚀

在不锈钢表面与其他物体构成缝隙的区域，缝隙内外的溶液不容易进行交换，随缝内腐蚀过程的进行，氧含量逐渐降低，缝内金属离子水解使溶液酸化，阴离子则向缝内富集，最终使得缝内区域表面不再能维持钝化，发生活性溶解。在两物体接触处或污垢、残余涂层甚至锈层下方都能构成缝隙，活性阴离子（如 Cl⁻）会促进缝隙腐蚀。铬含量较高、钝化性能强的钢种，抗缝隙腐蚀性能相对较强。

4）应力腐蚀破裂

应力腐蚀破裂是对 Cr-Ni 奥氏体不锈钢威胁最大的一种腐蚀类型，其基本条件是特定的材料——介质组合和达到一定临界值的拉伸应力。奥氏体不锈钢常发生应力腐蚀破裂的环境有 Cl⁻ 溶液、高温高压水溶液、碱溶液等。铁素体不锈钢和双相不锈钢耐应力腐蚀破裂性能显著优于奥氏体不锈钢。

5. 奥氏体不锈钢

1）成分特点

为了在氧化性酸中能维持稳定钝化，不锈钢的铬含量应达到 18% 左右，含铬量为 18% 时为了在常温下获得奥氏体组织，钢中需加入 8%～9% 的镍，这样构成的钢即 18-8 型铬镍奥氏体不锈钢。这种钢具有优良的抗氧化性酸性能，优良的高温、低温力学性能及良好的焊接性和加工性能，是各种不锈钢中用量最大、用途最广的一类钢种，其产量约占奥氏体不锈钢的 70%，占所有不锈钢的 50%。

18-8 钢的基本型为 1Cr18Ni9，其铬含量为 0.1% 左右，以 18-8 型钢为基础改变化学成分，可以得到以下不同性能的钢种[6]。

（1）耐晶间腐蚀。

加入 Ti 或 Nb，得到 1Cr18Ni9Ti 和 1Cr18Ni11Nb；或降低铬含量，得到 0Cr18Ni9。

（2）耐非氧化性酸。

加入 Mo 和 Cu，为保持奥氏体组织，镍含量须提高到 12%，得到 0Cr18Ni12Mo2、0Cr19Ni12Mo1Cu1 等；再加入 Ti，或降低 C 含量，得到耐晶间腐蚀的 0Cr18Ni12Mo2Ti 及 00Cr17Ni14Mo2；进一步提高 Cr、Ni、Mo、Cu 含量，得到 00Cr23Ni28Mo3Cu3Ti，可耐 80℃ 以下各种浓度硫酸。

（3）耐氧化性酸。

提高铬含量或加入 Si，如 Cr25Ni20 和 00Cr18Ni14Si4 能耐浓硝酸。

（4）耐应力腐蚀破裂。

加入 Si、Mo 和 Cu，例如 00Cr18Ni12Si3Cu2、00Cr25Ni25Si2V2Ti、00Cr20Ni25Mo4.5Cu 等。

（5）耐孔蚀。

加入 Mo、N，提高铬含量，例如 00Cr18Ni24Mo5、00Cr25Ni13Mo1N 等。

（6）节约镍。

加入稳定奥氏体组织的元素 Mn 和 N 代替稀缺元素 Ni，可得到少镍的奥氏体不锈钢如 Cr17Ni5Mn8N 及无镍的 Cr-Mn-N 系奥氏体不锈钢如 Cr17Mn14N 等。

2）物理、力学性能

奥氏体不锈钢导热性较差，热导率约相当于碳钢的 1/3；此外，奥氏体钢无铁磁性，这是它区别于其他钢种的重要特征之一。

（1）室温性能。

奥氏体不锈钢一般在固溶处理（1050℃）后使用，由于 C 含量低及 γ 相晶格容易滑移变形，奥氏体不锈钢屈服强度 σ_s 较低。奥氏体钢在室温以上不发生相变，故不能淬火强化，但其抗拉强度与屈服强度之比值 σ_b/σ_s 较高，延伸率 δ 也较高，可以通过冷加工变形的方法来强化。冷加工变形以后钢中内应力增大，为减小应力腐蚀破裂倾向，可以采用高温回火（850~950℃保温短时间后快冷）或 450℃以下低温回火的方法消除内应力。

（2）低温性能。

奥氏体不锈钢在低温下仍保持良好韧性，是最好的低温结构用钢。当温度由室温降低到 -196℃时，钢的韧性比室温有所下降，但温度进一步降低到 -253℃后韧性不再降低。

（3）高温性能。

奥氏体不锈钢的晶格组织及晶界原子排列致密，原子扩散慢，高温下仍能保持较高强度，同时因 Cr 含量高，在高温下表面形成致密的 Cr_2O_3 氧化膜，有良好的抗氧化性，因此奥氏体不锈钢在受力不大的条件下可在 600~800℃下长期使用。在受力较大的高温环境中，奥氏体不锈钢会产生蠕变，C 含量较高的钢种及含 Ti、Nb、N 等元素的钢种抗高温蠕变性能较强。

第三节　常用选材方法

一、选材原则

1.实用性选材原则

被选管材的性能必须符合设计要求的技术参数，保证在服役周期内安全。实际上对材料的使用性能是多因素的，因而要进一步确定一个或几个必要性能。而一种材料之所以被选中，必定满足其必要的使用性能。

2. 工艺性原则

材料的工艺性能是管道选材时必须考虑的另一个重要因素。材料的工艺性原则一般包括：铸造性，压力加工性，热处理工艺及材料的相容性。材料工艺性能的好坏，在单件和小批量生产条件下，并不显得特别突出，而在大批量生产条件下，希望达到经济规模要求，往往成为选材中起决定性作用的因素之一。

3. 经济性原则

材料的经济性原则，不仅是优先考虑选用价格比较便宜的材料，而是要综合考虑材料整体制造、运行使用和维护成本等的影响，以达到最佳技术经济效益，这对材料的最终取舍同样有决定意义。

4. 可达性原则

在设计选材时，材料的可达性与其他适用原则同样重要。如果某种材料在设计规定的时间内不能得到，那么再经济合理的选材方案也没有意义。影响材料的可达性的因素很多，如材料货源充足，可达性改善；材料生产的批量越大，单位成本越低，可达性越有保证。

二、选材方法

1. 价值工程法选材

管材的选用是一个复杂的判断、优化过程。传统选材要求遵循 3 个基本原则：使用性能、工艺性能和经济性能。它们是辩证的统一体。在管道的选材设计过程中，设计人员有时会过分侧重于使用性能，优质考虑采用价格较高的材料满足产品的功能，而对管道管材的成本考虑较少，造成资源的浪费。为克服选材的主观随意性，增加选材的科学性，王章忠等运用价值工程的基本原理，从系统论角度讨论了现代工业价值选材的基本要素与过程，分析了材料选择对产品功能和寿命周期成本的影响，最后给出了价值选材的应用事例。结果表明：运用价值工程原理，可增加选材的客观科学性，提高产品价值。

2. 应用优化原理选材

Dung Hyun Jee 等运用优化原理，即一方面利用熵（平均信息量）的概念来评价每个材料性能（包括定量性能和定性性能）的权重，另一方面利用 TOPSIS（Technique for Oder Perference by Similarityto Idea Solution）在同时考虑了众多要求的前提下，对候选材料进行了排序。

3. 模糊设计定量选材

选材往往带有很大的主观性，不能确定地、科学地推算材料的优劣指数，而模糊综合评价方法用于选材显然是可取的，尤其是当材料性能比较复杂、评判因素较多，有些性能指标不能用单一的数据表示时，使用模糊综合评判法较为理想。许志华等首次提出将模糊数学的理论知识、分析方法与人工智能基本理论相结合，并借助于计算机完成机械工程材料的选择，从而使材料选择更为科学、更为简单。设计者只需输入工作要求，便可以确定出欲选材料的优先次序。从而改变了多年来查阅手册和凭借设计者的经验进行材料选择的落后方法，通过实例验证，该方法具有选材速度快、准确性好等优点。

4. 材料选择图选材

Ashby 等设计了一系列行之有效的材料选择图。用户可以从 18 幅材料及过程选择图中选择，它包括了设计中的大部分领域。从图中可以看到众多的工程材料以及允许设计者使用的合适指标。Leigh Holloway 在 Ashby 材料选择图的基础上对其进行了扩展，在此方法中引入了环境因素。它可以用于估算空气和水污染指数，同时说明了这些指数是如何被绘制成图线的，以此作出的材料选择图处理了空气及水污染的相关问题。

5. 应用人工神经网络选材

BP 神经网络是一个从输入到输出的高度非线性映射模型，它属于多层前项网络，由输入层、隐含层和输出层构成。李元强等通过构建和训练相应 BP 神经网络，建立和存储反映注射模具选材所需的全面和完整的选材知识，从而建立了一个基于人工神经网络的材料选择系统。在选材网络获得相应输入信息后，就能恢复记忆和展开联想，提取已经学到的知识，输出合理的选材方案，避免了大量查阅资料，缩短了开发设计时间。

6. 计算机辅助选材

随着材料种类的日益增加，用以加工这些材料的切削工具种类也不断扩大。Maroponlos 等使用自动工具选择系统（ATS），为粗加工和精加工选择合适的工具，并为圆形组件设计了一套基于计算机的工具选择综合管理系统（TLMP）。该系统包括一个简单的技术模数，用来评估切割条件和选择工具等。

三、评价方法

系统在以性能的硬要求为准则筛选材料后，可得到一组候选材料。而评价就是从这组候选材料中做出最佳选择，并给出其余材料的排序。其目前在工程领域上运用的评价方法有以下几种。

（1）理想解法和灰色系统理论：由各评价指标的最优性能数据构成理想解，并由各评价指标的最劣性能数据构成负理想解，分别计算各候选材料到最优解的相对距离和曲线相似程度，从位置距离和曲线形状角度分别进行评价，并进行排序，排序越靠前，材料的综合性能越优。

（2）模糊数学理论：将材料选择过程中复杂的模糊性能要求进行精确化，确定评价集、权重集和相应的隶属函数，通过建立单因素评价矩阵和综合评价矩阵，选出符合要求的最佳材料。

（3）序号及众数理论：将各种评价方法得出的排序结果相加得到序号总和，按序号总和排序的结果作为最终的评价结果。若有序号总和值相同的位序，则运用众数理论，即根据各位序的频数分布情况决定其先后顺序关系。

由于在评价过程中，各评价指标的相对重要性（即权重）不相同，且不同的权重分配有时会得到差异很大的评价结果，因此权重是一个非常关键的参数，是整个综合评价的"灵魂"，对评价结果起着至关重要的作用，目前权重确定理论有以下几种方法。

（1）层次分析理论：通过构建评价指标的层次结构，结合定性分析和定量分析，通过1～9标度对指标间的相对重要性做出判断，建立判断矩阵，对评价指标的权重进行确定。

（2）神经网络：通过确定输入层神经单元、输出层神经单元和隐含层，根据已有的正确的选材实例，进行网络训练，得到各评价指标的权重。

（3）遗传算法：从某一随机产生的或是特定的初始群体出发，按照一定的操作规则，如选择、交叉、变异等，不断地迭代计算，并根据每一个体的适应度值，保留优良品种，淘汰次品，引导搜索过程向最优逼近，利用这样一种自适应迭代选优的算法来对权重向量进行优化，使权重向量从不佳逼近最优。

（4）熵法：在信息论中，信息熵是系统无序程度的度量。在指标数据矩阵中，某项指标值差异程度越大，信息熵越小，则该指标的权重越大；反之，某项指标值的差异程度越小，信息熵越大，则该指标的权重越小。所以，可以根据各项指标的差异程度，利用信息熵，对各指标进行客观赋权。

（5）变异系数方法：根据被评价对象的数据，用指标的标准差除以均值的绝对值，得到各指标的变异系数，并通过归一化处理，得到各指标的客观权重。

参 考 文 献

［1］左景伊，左禹.腐蚀数据与选材手册［M］.北京：化学工业出版社，1995.

［2］余世杰.耐腐蚀材料数据库选材评价系统的研究［D］.兰州：兰州理工大学，2007.

［3］潘亚娟.不锈钢中合金元素的作用及其概况［J］.轻工科技，2018，34（9）：46-47.

［4］方毅.不锈钢的腐蚀种类及影响因素［J］.当代化工研究，2016（12）：11-12.

［5］徐昊，李萍，周彬，等.奥氏体不锈钢设备腐蚀问题研究［J］.中国设备工程，2020（8）：46-47.

［6］张述林，李敏娇，王晓波，等.18-8奥氏体不锈钢的晶间腐蚀［J］.中国腐蚀与防护学报，2007（2）：124-128.